Jörg Bellmann

Messtechnisches Erfassen und Steuern von thermisch bedingten Fügemechanismen beim Magnetpulsschweißen

TUDpress

Dresdener Formgebung
Hg. von Prof. Dr.-Ing. Alexander Brosius

Herausgeber: Prof. Dr.-Ing. Alexander Brosius
Technische Universität Dresden
Institut für Fertigungstechnik
01062 Dresden

Jörg Bellmann

Messtechnisches Erfassen und Steuern von thermisch bedingten Fügemechanismen beim Magnetpulsschweißen

TUD*press*
2021

Bibliografische Information der Deutschen Bibliothek
Die Deutsche Bibliothek verzeichnet diese Publikation in der Deutschen Nationalbibliografie; detaillierte bibliografische Daten sind im Internet unter <http://dnb.ddb.de> abrufbar.

Bibliographic information published by Die Deutsche Bibliothek
Die Deutsche Bibliothek lists this publication in the Deutsche Nationalbibliografie; detailed bibliographic data is available in the Internet at <http://dnb.ddb.de>

ISBN 978-3-95908-451-2

Zugl.: Dresden, Techn. Univ., Diss., 2021

Satz und Redaktion durch den Autor

Printed in Germany.

Messtechnisches Erfassen und Steuern

von thermisch bedingten Fügemechanismen

beim Magnetpulsschweißen

Von der Fakultät Maschinenwesen

der

Technischen Universität Dresden

zur

Erlangung des akademischen Grades

Doktoringenieur (Dr.-Ing.)

angenommene Dissertation

M.Sc. Jörg Bellmann

Geboren am 25. April 1989 in Dippoldiswalde

Tag der Einreichung: 04.08.2020

Tag der Verteidigung: 09.03.2021

Gutachter: Prof. Dr.-Ing. Alexander Brosius

Prof. Dr.-Ing. Gunther Göbel

Prof. Dr.-Ing. Dr.-Ing. E.h. A. Erman Tekkaya

Danksagung

Dank der Deutschen Forschungsgemeinschaft konnte ich in den Jahren von 2015 bis 2019 umfangreiche Untersuchungen zum Magnetpulsschweißen im Rahmen des Schwerpunktprogrammes 1640 („Fügen durch plastische Deformation") durchführen. Ich schätze mich sehr glücklich, dass ich die von Prof. Beyer und Prof. Tekkaya im Forschungsantrag formulierten Fragestellungen größtenteils beantworten konnte und dabei durch meine Kollegen am Fraunhofer IWS Dresden sowohl fachlich und organisatorisch, als auch mental unterstützt und motiviert wurde. Die guten Versuchsbedingungen und das freundliche Miteinander mit den Kollegen aus dem Technologiefeld Fügen, dem Kompetenzfeld Werkstoffcharakterisierung und Werkstoffprüfung, sowie der Verwaltung erleichterten mir meine Forschungstätigkeit sehr. Ich danke meinem Hochschulbetreuer Prof. Brosius von der Technischen Universität Dresden, Prof. Göbel von der Hochschule für Technik und Wirtschaft Dresden, sowie allen Mitarbeiterinnen, Mitarbeitern, Studentinnen und Studenten des Fraunhofer-Instituts für Werkstoff- und Strahltechnik Dresden, die mich während der letzten fünf Jahre begleiteten. Besonders freute ich mich über die Unterstützung meiner Vorgesetzten, die mir die Teilnahme an zahlreichen nationalen und internationalen Konferenzen, Arbeitsgruppentreffen, Versuchsreihen bei anderen Forschungsinstituten, sowie viele Weiterbildungen ermöglichten. Der rege Austausch auf diesen Treffen prägte meine Arbeit maßgeblich, ebenso wie die vielen Kontakte zu Industrieunternehmen und anderen Forschungseinrichtungen, beispielsweise der Hochschule für Technik und Wirtschaft Dresden und dem Helmholtz-Zentrum Dresden Rossendorf.

Danken möchte ich außerdem den Kollegen aus der Arbeitsgruppe für Hochgeschwindigkeitsfügen für die vertrauensvolle Kooperation und den Wissensaustausch. Insbesondere die fachlichen Diskussionen mit Herrn Dr.-Ing. Jörn Lueg-Althoff und seinen Kollegen von der kooperierenden Forschungsstelle der TU Dortmund verhalfen mir nach neuen, teilweise rätselhaften Versuchsergebnissen oftmals zu neuen Sichtweisen und Mut. Für ihre wertvollen Hinweise beim Erstellen von Anträgen und Veröffentlichungen und die ausgesprochen gute Zusammenarbeit während der Projektbearbeitung möchte ich mich ebenfalls bedanken.

Ein besonderer Dank gilt außerdem meiner Frau, die sich seit dem Ende meiner Masterarbeit 2014 geduldig meine Ideen und Theorien anhört, mir Hinweise gibt, mich anspornt und viel Verständnis für längere Arbeitstage und Dienstreisen entgegen bringt.

Ich würde mich freuen, wenn ich mit dieser Arbeit einen Beitrag für ein erweitertes Prozessverständnis und eine bessere Kontrollierbarkeit bei Kollisionsschweißverfahren leisten kann. Gleichzeitig bin ich mir aber auch bewusst, dass der Nutzen der Erkenntnisse und Erfindungen dieser Arbeit hauptsächlich zum Erhalt und zum fortschreitenden Wachstum unserer Konsumgesellschaft beiträgt. Es bleibt zu hoffen, dass das Verbinden verschiedenartiger Metalle auch zu nachhaltigen technischen Produkten führt, bei denen die einzelnen Werkstoffe nach dem Gebrauch auch wieder vollständig getrennt werden können. Diese Forderung erfüllen heutzutage leider nur die wenigsten technischen Produkte. Dabei ist es im Hinblick auf zukünftige Generationen auf dieser Welt von zentraler Bedeutung, dass wir die in Produkten gespeicherten Rohstoffe wiederverwenden und somit Stoffkreisläufe schließen.

Die Zeit als Doktorand steigerte mein Interesse an Bewegungen wie „Cradle to Cradle", „Fridays for Future" und „Blue Engineering". Angesichts der wachsenden Probleme der Menschheit, die größtenteils auf die Art und Weise unseres Wirtschaftens und Konsumierens zurück zu führen sind, freue ich mich, dass bei immer mehr Menschen ein Umdenken einsetzt. Das ist gut, extrem wichtig und hoffentlich nicht zu spät. Ich bin meinen Eltern und meiner gesamten Familie dankbar, die mir die Ansätze zu dieser Denkweise bereits im Kindesalter vermittelten und ich hoffe, dass ich sie in einer friedlichen und von Freiheit geprägten Zukunft umsetzen und bestenfalls weitergeben kann.

Dresden am 4. August 2020 Jörg Bellmann

Inhaltsverzeichnis

Vorabveröffentlichung von Inhalten und Fremdanteile

In der Erstellungsphase dieser Dissertation wurden Zeitschriften- und Konferenzbeiträge vorab und mit der Zustimmung des wissenschaftlichen Betreuers, Prof. Dr.-Ing. Alexander Brosius, veröffentlicht. Die nachfolgende Auflistung ordnet diese Veröffentlichungen den Kapiteln der Arbeit zu, falls sie inhaltlich wiedergegeben werden. Zur besseren Lesbarkeit wird in den entsprechenden Kapiteln auf die Quellennachweise der eigenen Vorabveröffentlichungen weitestgehend verzichtet und es werden nur Abbildungen referenziert, die den bereits publizierten ähneln.

Bellmann, J. (2016): Verfahren und Vorrichtung zur Prozessüberwachung bei einer mittels Kollisionsschweißen gebildeten Schweißnaht am 16.09.2016. Patent Nr. DE 10 2016 217 758 B3. Kapitel 5.1

Bellmann, J.; Kirchhoff, G.; Lueg-Althoff, J.; Schulze, S.; Gies, S.; Beyer, E.; Tekkaya, A. E. (2016): Magnetic Pulse Welding: Joining within Microseconds – High Strength Forever. In: American Welding Society and Japan Welding Society (Ed.): *Proceedings of the 10th International Conference on Trends in Welding Research and 9th International Welding Symposium of Japan Welding Society.* In Zusammenarbeit mit T. Koseki, A. Hirose, K. Oi. 10th International Conference on Trends in Welding Research and 9th International Welding Symposium of Japan Welding Society. Tokyo, 11.-14.10.2016, S. 91–94.

Bellmann, J.; Lueg-Althoff, J.; Göbel, G.; Gies, S.; Beyer, E.; Tekkaya, A. E. (2016): Effects of Surface Coatings on the Joint Formation During Magnetic Pulse Welding in Tube-to-Cylinder Configuration. In: A. E. Tekkaya, M. Kleiner (Eds.): *ICHSF 2016. Proceedings of the 7th International Conference on High Speed Forming.* International Conference on High Speed Forming. Dortmund, 27./28.04.2016. IUL, S. 279–288. Kapitel 9

Bellmann, J.; Lueg-Althoff, J.; Schulze, S.; Gies, S.; Beyer, E.; Tekkaya, A. E. (2016): Magnetic Pulse Welding: Solutions for Process Monitoring within Pulsed Magnetic Fields. In: Vasco Otero (Ed.): *EAPPC & BEAMS & MEGAGAUSS 2016 - Proceedings. Euro-Asian Pulsed Power Conference & Conference on High-Power Particle Beams.* Estoril, Portugal, 18.-22.09.2016. Kapitel 5.1

Bellmann, J.; Lueg-Althoff, J.; Schulze, S.; Gies, S.; Beyer, E.; Tekkaya, A. E. (2016): Measurement and Analysis Technologies for Magnetic Pulse Welding. Established Methods and New Strategies. In: *Advances in Manufacturing* (4), S. 322–339. DOI: 10.1007/s40436-016-0162-5. Kapitel 4.3 und 5.1

Bellmann, J.; Beyer, E.; Lueg-Althoff, J.; Gies, S.; Tekkaya, A. E.; Schettler, S.; Schulze, S. (2017): Targeted Weld Seam Formation and Energy Reduction at Magnetic Pulse Welding (MPW). In: *Biuletyn Instytutu Spawalnictwa* 2017 (5), S. 91–102. DOI: 10.17729/ebis.2017.5/10. Kapitel 9

Bellmann, J.; Lueg-Althoff, J.; Schulze, S.; Gies, S.; Beyer, E.; Tekkaya, A. E. (2017): Measurement of Collision Conditions in Magnetic Pulse Welding Processes. In: *Journal of Physical Science and Application* 7 (4), S. 1–10. DOI: 10.17265/2159-5348/2017.04.001. Kapitel 5.3 und 5.4

Bellmann, J.; Lueg-Althoff, J.; Schulze, S.; Gies, S.; Beyer, E.; Tekkaya, A. E. (2018): Effects of Reactive Interlayers in Magnetic Pulse Welding. In: G. S. Daehn, A. E. Tekkaya (Eds.): *Proceedings of the 8th International Conference on High Speed Forming.* 8th International Conference on High Speed Forming. Columbus, 13.-16.05.2018. The Ohio State University. Kapitel 9

Bellmann, J.; Lueg-Althoff, J.; Schulze, S.; Gies, S.; Beyer, E.; Tekkaya, A. E. (2018): Parameter Identification for Magnetic Pulse Welding Applications. In: *Key Engineering Materials 767, S. 431–438.* DOI: 10.4028/www.scientific.net/KEM.767.431. Kapitel 8.3

Bellmann, J.; Lueg-Althoff, J.; Schulze, S.; Hahn, M.; Gies, S.; Beyer, E.; Tekkaya, A. E. (2019): Thermal Effects in Dissimilar Magnetic Pulse Welding. In: *Metals* 9 (3), S. 348. DOI: 10.3390/met9030348. Kapitel 6 und 7

Bellmann, J.; Lueg-Althoff, J.; Schulze, S.; Hahn, M.; Gies, S.; Beyer, E.; Tekkaya, A. E. (2019): Effect of the wall thickness on the forming behavior and welding result during magnetic pulse welding. In: *Materialwissenschaft und Werkstofftechnik* 212, S. 150. DOI: 10.1002/mawe.201900024. Kapitel 8.2

Bellmann, J.; Schettler, S.; Dittrich, S.; Lueg-Althoff, J.; Schulze, S.; Hahn, M. et al. (2019): Experimental study on the magnetic pulse welding process of large aluminum tubes on steel rods. In: T. Lampke, Guntram Wagner, M.F.-X. Wagner (Eds.): *Tagungsband zum 21. Werkstofftechnischen Kolloquium.* 21. Werkstofftechnisches Kolloquium. Chemnitz, 06./07.03.2019. Institut für Werkstoffwissenschaft und Werkstofftechnik. Chemnitz: Eigenverlag (Werkstoffe und werkstofftechnische Anwendungen, 82), S. 88–97.

Bellmann, J.; Ueberschär, F.; Lueg-Althoff, J.; Schulze, S.; Hahn, M.; Beyer, E.; Tekkaya, A. E. (2019): Effect of the Forming Behavior on the Impact Flash during Magnetic Pulse Welding of Tubes. In: Y. P. Korkolis, B. L. Kinsey, M. Knezevic, N. Padhye (Eds.): *Proceedings of NUMIFORM 2019.* 13th International Conference on Numerical Methods in Industrial Forming Processes. Portsmouth, New Hampshire, 23.-27.06.2019: The Minerals, Metals & Materials Society (TMS), S. 651–654. Kapitel 6.1

Bellmann, J.; Lueg-Althoff, J.; Schulze, S.; Hahn, M.; Gies, S.; Beyer, E.; Tekkaya, A.E. (2019): Magnetic pulse welding of tubular parts. In: *Proceedings of the 22nd International ESAFORM Conference on Material Forming (ESAFORM 2019)*, Vitoria-Gasteiz, Spain, 8.-10.5.2019; Galdos, L., Arrazola, P., Saenz de Argandoña, E., Otegi, N., Mendiguren, J., Madariaga, A., Saez de Buruaga, M., Eds.; AIP Publishing, 2019; S. 50015, ISBN 978-0-7354-1847-9. Kapitel 8.4

Bellmann, J.; Lueg-Althoff, J.; Niessen, B.; Böhme, M.; Schumacher, E.; Beyer, E. et al. (2020): Particle ejection by jetting and related effects in impact welding processes. In: Metals, 10 (8), S. 1108. DOI: 10.3390/met10081108. Kapitel 6.2

Lueg-Althoff, J.; Bellmann, J.; Gies, S.; Schulze, S.; Tekkaya, A. E.; Beyer, E. (2018): Influence of the Flyer Kinetics on Magnetic Pulse Welding of Tubes. In: *Journal of Materials Processing Technology* (262), S. 189–203. DOI: 10.1016/j.jmatprotec.2018.06.005. Kapitel 8.1

Kenntlichmachung von Fremdanteilen in der Arbeit

Die numerischen Simulationen in den Kapiteln 5.4 und 8.2 wurden von Herrn Lueg-Althoff mit der LS-Dyna-Version R 8.0 durchgeführt und gemeinsam in Bellmann et al. (2017a) bzw. Bellmann et al. (2019b) publiziert. In Kapitel 6.1 erfolgten die numerischen Simulationen durch Herrn Felix Ueberschär mit der LS-Dyna-Version R10.0. Sie wurden gemeinsam in Bellmann et al. (2019a) publiziert.

Formelzeichen und Abkürzungen

Formelzeichen

Zeichen	**Einheit**	**Erklärung**
b	mm	Äquivalente Dicke der geschmolzenen Schicht
b_{Sp}	mm	Spulenbreite
C	µF	Kapazität
C	-	Parameter im Cowper-Symonds-Werkstoffmodell
c	J/kgK	Spezifische Wärmekapazität
c_S	m/s	Schallgeschwindigkeit
d	mm	Absatzposition am Parent-Bauteil
d_{F}	mm	Außendurchmesser des Flyer-Rohres
$d_{\mathrm{i,S}}$	mm	Innendurchmesser von Spule bzw. Feldformer
E	kJ	Ladeenergie
E_{kin}	kJ	Kinetische Energie
f_{E}	kHz	Entladefrequenz
g	mm	Fügespalt
g_{initial}	mm	Initialer Fügespalt
H	kg/m^2	Statische Werkstoffhärte
I_{d}	kNs/m^2	Druck-Verformungsimpuls
I	kA	Spulenstrom
j	A/m^2	Stromdichte
k	W/mK	Wärmeleitfähigkeit
L	nH	Ersatzinduktivität des Schwingkreises
l_{K}	mm	Kollisionslänge
l_{Naht}	mm	Schweißnahtlänge
l_W	mm	Wirklänge
M	nH	Gegeninduktion zwischen Spule und Werkstück
m_{Al}	g	Masse des angeschmolzenen Aluminiums
m_{Fe}	g	Masse des angeschmolzenen Eisens
N	-	Konstante zum Berechnen der maximalen Impaktgeschwindigkeit
n	-	Anzahl an Spulenwindungen oder Wiederholungen pro Versuch
P	kJ	Wärmeeintrag
p	-	Parameter im Cowper-Symonds-Werkstoffmodell
p	mbar	Umgebungsdruck
p_{d}	MPa	Plastifizierungsdruck des Werkstückes

p_F	Pa	Fügedruck
p_{mag}	MPa	Magnetischer Druck
Q	kJ	Gesamtwärmeeintrag
Q_S	kJ	Wärmeeintrag in die Oberfläche
R	mΩ	Ersatzwiderstand des Schwingkreises
R_m	MPa	Zugfestigkeit
R_T	-	Reynoldszahl im Übergangsbereich
s	mm	Flyer-Wandstärke
T	°C	Temperatur
T_g	°C	Siedetemperatur
T_l	°C	Schmelztemperatur
t_{Heiz}	µs	Aufheizdauer
t_B	µs	Dauer des Lichtblitzes
$t_{B,Start}$	µs	Startzeit des Lichtblitzes
t_i	µs	Impaktzeitpunkt
t_{Kon}	µs	Kontaktzeitpunkt
t_m	µs	Zeitpunkt des ersten Strommaximums
t_{Warte}	µs	Wartezeit
t_0	µs	Startzeit der Umformung
U	kV	Ladespannung
U_B	V	Spannungsäquivalent zur Lichtintensität
u	mm	Radialer Umformweg
V	m^3	Volumen
v_c	km/s	Kollisionspunkt- oder Schweißfrontgeschwindigkeit
v_i	m/s	Aufprall- bzw. Impaktgeschwindigkeit
$v_{i,r}$	m/s	Radiale Aufprall- bzw. Impaktgeschwindigkeit des Flyers
v_r	m/s	Radiale Geschwindigkeit des Flyers
v_T	m/s	Kritische Kollisionspunktgeschwindigkeit
W_J	kJ	Joulesche Verlustenergie
x	mm	Abstand zur vorderen Flyerkante bzw. dem initialen Impaktpunkt
α	°	Winkel der Fase am Parent-Teil
β	°	Kollisionswinkel
γ	1/s	Dämpfungskoeffizient
$\dot{\varphi}$	1/s	Umformgeschwindigkeit
μ	H/m	magnetische Permeabilität

δ	mm	Skintiefe
ΔH_l	kJ/kg	Schmelzenthalpie
Δt_S	µs	Spaltschließzeit
ρ	kg/m^3	Dichte
σ	MS/m	Elektrische Leitfähigkeit
σ_d	MPa	Fließspannung
$\sigma_{d,dyn}$	MPa	Fließspannung in Abhängigkeit von der Umformgeschwindigkeit
ω	1/s	Kreisfrequenz
ω_1	-	Hilfsgröße

Indizes

Index	**Erklärung**
F	Flyer, beschleunigter Fügepartner
max	Maximal
min	Minimal
P	Parent, ruhender Fügepartner
Pg	Pulsgenerator
Sp	Spule
W	Werkstück

Physikalische Konstanten

Zeichen	**Wert**	**Beschreibung**
μ_0	$4\pi \cdot 10^{-7}$ H/m	Magnetische Feldkonstante

Abkürzungen

Abkürzung	**Erklärung**
C	Kollisionspunkt
CoP	Cloud of Particles - Partikelwolke
EDS	Energiedispersive Röntgenspektroskopie
EmGen	Elektromagnetischer Generator
EMU	Elektromagnetische Umformung
EXW	Explosive welding - Explosiv- oder Sprengschweißen
LWL	Lichtwellenleiter
MPW	Magnetic pulse welding - Magnetpulsschweißen
PDV	Photonic Doppler velocimetry – auf dem Doppler-Effekt beruhende Geschwindigkeitsmessung

Kurzfassung

Das Magnetpulsschweißen als ein Vertreter der Pressschweißverfahren ermöglicht das stoffschlüssige Fügen verschiedenartiger Metalle. Im Gegensatz zu herkömmlichen Schmelzschweißverfahren kann die intermetallische Phasenbildung durch den deutlich reduzierten und lokalisierten Wärmeeintrag auf ein unkritisches Minimum begrenzt werden. Obwohl mit dem Verfahren bereits hybride Bauteile im industriellen Umfeld hergestellt werden, existieren bedingt durch die schwierige Prozessbeobachtung noch Lücken im Prozessverständnis. Diese Tatsache erschwert nicht nur das Einstellen von geeigneten Prozessparametern, sondern auch das gezielte Verstärken des Fügemechanismus. Beide Aspekte sind jedoch von großer Bedeutung für einen effizienten Schweißprozess und das Verlängern der Lebensdauer der verwendeten Werkzeugspulen. Im Rahmen dieser Arbeit erfolgt die Entwicklung eines neuartigen optischen Messsystems, welches sich zum Bestimmen der kinetischen Bedingungen beim Schweißen mit hoher mechanischer Energie eignet. Es wertet das charakteristische Prozessleuchten aus, das bei der Fügepartnerkollision oberhalb einer bestimmten Impaktgeschwindigkeit entsteht. Außerdem kann die zweite Geschwindigkeitskomponente der Kollisionsfront in axialer Richtung erfasst und damit auch der Kollisionswinkel berechnet werden. Experimente in Vakuumatmosphäre belegen, dass die Temperatur im Fügespalt bei kleinen Kollisionswinkeln deutlich über den Siedetemperaturen der beteiligten Werkstoffe liegen kann. Die aus dem Fügespalt strömende heiße Partikelwolke schmilzt die Fügepartneroberflächen an, bevor diese aufeinander treffen, sich stoffschlüssig verbinden und schließlich rasch abkühlen. Metallografische Analysen belegen die angeschmolzenen Bereiche in der Fügeverbindung und dienen als Eingangsgröße für ein numerisches Modell, mit dem das Aufheiz- und Abkühlverhalten der Oberflächen abgeschätzt werden kann. Es zeigt bei großen Kollisionswinkeln, dass die Fügepartneroberflächen beim Kontakt bereits erstarrt sind und der identifizierte Mechanismus des Schmelzschweißens nicht wirkt. Das patentierte Messsystem hilft außerdem bei der Prozesseinstellung und -überwachung mit möglichst geringer Impaktgeschwindigkeit, wobei der Einfluss verschiedener anlagenbedingter und geometrischer Faktoren untersucht und berücksichtigt wird. Der Wärmeeintrag in die Verbindungszone kann außerdem durch exotherm reagierende Zwischenschichten erhöht und dadurch die benötigte Impaktgeschwindigkeit reduziert werden. Die genannten Maßnahmen tragen dazu bei, die thermischen und mechanischen Belastungen auf die Werkzeugspulen zu reduzieren und damit ihre Lebensdauer zu erhöhen.

Abstract

Measurement and Control of Thermal Joining Mechanisms by Means of Magnetic Pulse Welding

Magnetic Pulse Welding is a pressure welding process that enables material joints between dissimilar metals. Compared to conventional fusion welding processes, the intermetallic phase formation can be minimized to an uncritical minimum due to the reduced and localized heat input. Although the process is already applied in industrial production for hybrid parts, the underlying principle of the bond formation is not yet completely explored. One of the main reasons for this is the difficulty in process monitoring, which also hinders process adjustment or the targeted support of the joining mechanism. Both aspects are of great importance for an efficient welding process and increased life-times of the tool coils.

In the present thesis, a new optical measurement system has been developed to get insights into the kinetic conditions during collision welding processes. It evaluates the characteristic flash that occurs during the high-speed collision of the joining partners above a certain impact velocity. Furthermore, the second velocity component of the collision front in axial direction can be measured, which enables the calculation of the collision angle. Experiments in vacuum atmosphere reveal for small collision angles, that the temperatures in the joining gap can exceed the vaporization temperatures of the involved materials. Since the ejected cloud of particles is very hot, the surfaces of the parts are melted before they are pressed together. Afterwards, the bond is formed and the joining zone is cooled down rapidly. Metallographic analysis evidenced melted regions in the joining zone, which serve as an input variable for the numerical model. This model predicts the heating and cooling behavior of the surfaces and shows for large collision angles, that the surfaces are already solidified before they come into contact. This fact inhibits the identified welding mechanism based on fusion. The patented measurement device helps studying the influence of certain machine-related and geometrical parameters during the process adjustment with low impact velocities and serves as a quality assurance system. Furthermore, exothermic reactive interlayers can increase the heat input in the joining zone and thus, decrease the minimum impact velocities. These strategies may contribute to a significant reduction of thermal and mechanical shock loading of the tool coils to increase their life-time.

1 Einleitung

Die Fähigkeit, sich schnell an seine Umwelt anzupassen, ermöglichte und prägte die menschliche Entwicklung bis heute. Angesichts der vielen globalen Herausforderungen wie dem Klimawandel und der rasant schwindenden Ressourcen wird sie bereits in naher Zukunft noch deutlich an Wichtigkeit zunehmen. Zukünftige Produkte müssen daher zwangsläufig mit minimalem Einsatz an Ressourcen hergestellt werden und eine maximale Umweltverträglichkeit über ihren gesamten Lebenszyklus hinweg aufweisen. Diese beiden Forderungen konsequent umzusetzen, gestaltet sich insbesondere bei technischen Produkten als extrem schwierig. Da aber genau diese Produktgruppe wesentlich zum Erhalt unseres Wohlstandes beiträgt, gewinnt das Anwenden von Gestaltungsrichtlinien nach dem Vorbild der Natur immer mehr an Bedeutung. So kann beispielsweise der beanspruchungsgerechte Werkstoffeinsatz zur Massereduktion bewegter Baugruppen oder zur erhöhten Lebensdauer von verschleißbeanspruchten Komponenten beitragen. Diese Multimaterialbauweise bedarf jedoch geeigneter Fügeverfahren zum Verbinden der einzelnen Komponenten. Der Mensch wendet dafür bereits seit Jahrtausenden erfolgreich form- und kraftschlüssige Verbindungen an. Die steigende Komplexität neuer Produkte, sowie höhere Anforderungen an die Fügeverbindung hinsichtlich Festigkeit, Dichtigkeit, sowie thermischer oder elektrischer Leitfähigkeit erfordern jedoch zunehmend stoffschlüssige Fügeverbindungen. Im Gegensatz zur oftmals unstrittigen technischen Notwendigkeit gestaltet sich die ökonomische Bewertung einer stoffschlüssigen Fügeverbindung über den gesamten Lebenszyklus deutlich schwieriger. Der Verzicht auf lokale Fügehilfselemente reduziert zwar die Kosten während der Fertigung, erschwert aber den Austausch einzelner Komponenten zu Reparatur- oder Recyclingzwecken. Obwohl diese wichtigen Fragen bei der Wahl des Fügeverfahrens oftmals nicht abschließend beantwortet werden, erfolgt der Einsatz dieser Schweißtechnologien. Aus diesem Grund ist es umso wichtiger, dass geeignete Fügeverfahren mit einer reproduzierbar hohen Verbindungsqualität zur Verfügung stehen, sodass die Produkte eine möglichst lange Nutzungsdauer besitzen.

Konventionelle Schmelzschweißverfahren eignen sich nur bedingt zum Herstellen metallischer Mischverbindungen. Viele relevante Werkstoffkombinationen bilden Zweistoffsysteme, bei denen die Einzelkomponenten zum einen abweichende Schmelzpunkte und zum anderen nur eine geringe Löslichkeit ineinander aufweisen und zur Bildung von spröden intermetallischen Phasen neigen. Ansätze mit einem stark reduzierten Wärmeeintrag, beispielsweise mittels Nanosekunden-Laser, führen zwar zu guten mechanischen Eigenschaften, lassen sich aber bisher nur für ca. 500 µm dicke Bauteile anwenden, beispielsweise in den

Werkstoffkombinationen Aluminium-Kupfer, Titan-Aluminium, Stahl-Kupfer und Stahl-Aluminium (Gabzdyl und Capostagno 2017). Das Verbinden größerer Wandstärken führt bei Schmelzschweißversuchen zwangsläufig zu einem höheren Wärmeeintrag, der sich, wie beschrieben, negativ auf die mechanischen Eigenschaften auswirkt. Aus diesem Grund müssen alternative Formen des Energieeintrags zur Ausbildung der Schweißverbindung angewendet werden. So können der Druck und die plastischen Deformation im Kontaktbereich der Fügepartner ebenfalls zur Verbindungsausbildung beitragen, ohne dass es zusätzlicher Fügeelemente bedarf (Deutsche Forschungsgemeinschaft 2012). Es existiert eine Vielzahl an Pressschweißverfahren, deren Auswahl sich unter anderem nach den geometrischen Randbedingungen richtet. Bei diesen Technologien wirken verfahrensbedingt große Kräfte auf die beiden Fügepartner. Das Walzplattieren ermöglicht das großflächige Verbinden von Blechen und Bändern, sowie einfacher Halbzeuge in Überlappkonfiguration (Kaspar et al. 2014). Ein ähnliches Produktspektrum deckt das Sprengplattieren ab, wobei es sich auch für größere Wandstärken im Zentimeterbereich und Fügeflächen von mehreren Quadratmetern eignet (Zhang et al. 2010a). Mittels Rührreibschweißen können komplexe Nahtgeometrien sowohl im Überlapp- als auch im Stumpfstoß realisiert werden (Schulze 2016).

Das Magnetpulsschweißen (MPW) stellt ebenfalls ein Pressschweißverfahren dar und ordnet sich gemäß DIN EN ISO 4063 bei den Schweißverfahren mit hoher mechanischer Energie, die auch als Hochgeschwindigkeitsfügeverfahren bezeichnet werden, unter der Ordnungsnummer 442 ein (DIN EN ISO 4063). Es ermöglicht das Herstellen stoffschlüssiger Rohr- und Blechverbindungen zwischen verschiedenartigen Metallen. Wichtige Zielgrößen stellen dabei je nach Anwendungsfall beispielsweise die Verbindungsfestigkeit, die Dichtigkeit, oder die elektrische bzw. thermische Leitfähigkeit dar. Zum Erreichen der geforderten Nahteigenschaften müssen die Kollisionsbedingungen an den gewünschten Stellen exakt eingestellt werden. Das dafür notwendige Erfassen der Kollisionsbedingungen wird erschwert durch:

- Kurze Prozesszeiten von wenigen Mikrosekunden
- Starke elektromagnetische Felder sowie hohe mechanische Drücke im Bereich der Fügezone
- Eingeschränkte Zugänglichkeit des Fügespaltes

Des Weiteren verschleißen die Werkzeuge zum elektromagnetischen Umformen durch den schlagartigen mechanischen Impuls sowie das lokale Joulesche Erwärmen infolge der hohen Stromdichten (Gies und Tekkaya 2017). Der Verschleiß lässt sich durch geeignete Werkstoffwahl oder Reduzieren der eingebrachten elektrischen Energie senken.

Obwohl das Magnetpulsschweißen oft als Kaltschweißverfahren gilt (Shribman 2008), belegen die Experimente in dieser Arbeit den großen Einfluss des während des Schweißvorgangs auftretenden thermischen Energieeintrages auf das Fügeergebnis. Bisherige Veröffentlichungen zum Magnetpulsschweißen messen dem Wärmeeintrag keine große Bedeutung bei, obwohl seine Existenz bereits mehrfach über Gefügeanalysen des Nahtbereiches nachgewiesen wurde (bspw. Böhme et al. 2019). Für den erfolgreichen industriellen Einsatz des Magnetpulsschweißens leistet dieser Effekt einen entscheidenden Beitrag, weil dadurch der Eintrag an kinetischer Energie und somit auch der Werkzeugverschleiß reduziert werden können. Dies setzt jedoch nicht nur den Nachweis des thermischen Energieeintrages voraus, sondern auch das Wissen, wie er sich gezielt einstellen lässt. Aus diesen Forderungen und dem teilweise noch lückenhaften Prozessverständnis zu den Hochgeschwindigkeitsfügeverfahren im Allgemeinen ergibt sich der von der Deutschen Forschungsgemeinschaft (2012) formulierte Forschungsbedarf.

Nach dem Vorstellen des Magnetpulsschweißverfahrens, den existierenden Theorien zur Verbindungsausbildung und etablierten Messverfahren wird der Versuchsaufbau beschrieben. Dieser beinhaltet ein neu entwickeltes Messsystem, welches wichtige kinetische Prozessgrößen erfasst und auch der Prozessüberwachung dient. Anschließend erfolgt die Beobachtung des Schweißvorgangs unter Vakuumbedingungen. Auf diesen experimentellen Erkenntnissen sowie numerischen Simulationen zum Aufheizen und Abkühlen der Fügepartneroberflächen baut das temperaturbasierte Schweißmodell auf. Nachfolgend wird der Einfluss der Entladefrequenz der Magnetpulsschweißanlage, der Bauteilwandstärke und der Bauteilposition untersucht und eine Methode zum Einstellen der geeigneten kinetischen Kollisionsbedingungen beschrieben. Zuletzt werden Möglichkeiten für ein Verschweißen mit reduzierter kinetischer, dafür aber erhöhter thermischer Energie aufgezeigt und die Grenzen bei der Anwendung untersucht. Diese Lösungen dienen dazu, das Anwendungsspektrum des Magnetpulsschweißens zu erweitern, längere Schweißnähte mit einer bestimmten Energie zu erzeugen, beziehungsweise die Energie bei gleich bleibender Schweißnahtlänge zu senken. Der letztgenannte Punkt entlastet die Werkzeuge zum elektromagnetischen Umformen, erhöht ihre Lebensdauer und trägt dazu bei, das Magnetpulsschweißen zum Erzeugen qualitativ hochwertiger stoffschlüssiger Verbindungen im industriellen Umfeld stärker zu etablieren.

2 Stand der Kenntnisse beim Magnetpulsschweißen

2.1 Verfahrenseigenschaften und Anwendungsgebiete

Das Magnetpulsschweißen heißt im Englischen „Magnetic pulse welding" (MPW) und zählt gemäß DIN EN ISO 4063 (2011) ebenso wie das Sprengschweißen zu den Pressschweißverfahren mit hoher mechanischer Energie. Das Verfahren wurde in den 1960er Jahren erfunden, patentiert und von seinen Erfindern wie folgt beschrieben:

„Diese Pressschweißmethode basiert auf der Ausnutzung von Interaktionskräften von Magnetfeldern eines Induktors, durch den ein Impuls großer Stromdichte geschickt wird. Die Fügepartner sind in einem gewissen Abstand unter einem Winkel positioniert. Die Methode kann dazu verwendet werden, Überlappverbindungen zwischen dünnwandigen Bauteilen verschiedener Wandstärken und Materialien ohne Schmelzen und ohne mechanische Nachbearbeitung zu generieren." (Lysenko et al. 1970)

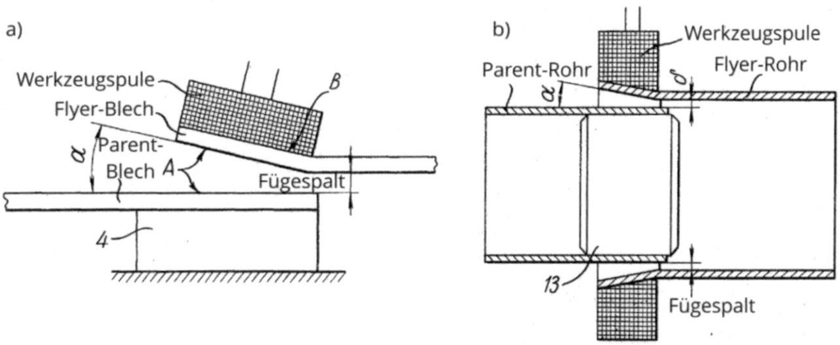

Abbildung 2.1: Skizzen zur Verfahrensbeschreibung des MPWs für Blechstrukturen (links) und rohrförmige Fügepartner (rechts), entnommen, übersetzt und ergänzt aus Lysenko et al. (1970)

An dem grundsätzlichen Prinzip des Magnetpulsschweißens hat sich auch 50 Jahre nach der Erfindungsbeschreibung nichts geändert. Zu den außerdem erwähnenswerten Vorteilen des Verfahrens zählen die extrem kurzen Prozesszeiten von wenigen Mikrosekunden, das berührungslose Wirken des Magnetfeldes, der Verzicht auf Zusatzwerkstoffe oder Flussmittel und dass die Bauteile im Gegensatz zu form- oder kraftschlüssigen Fügeverfahren keine Kerben oder Nuten im Fügebereich benötigen. Bei geeigneten Prozessbedingungen liegt die erreichbare Verbindungsfestigkeit über der des schwächeren Grundwerkstoffes. Neben den guten mechanischen Eigenschaften der Fügestellen zeichnen sich diese durch Gasdichtigkeit und niedrige elektrische Übergangswiderstände aus.

Aus den Verfahrenseigenschaften ergeben sich jedoch auch Herausforderungen. Bis zum jetzigen Zeitpunkt erlaubt das Magnetpulsschweißen nur das Herstellen von Überlappverbindungen (Faes 2011) und benötigt in jedem Fall einen Fügespalt zwischen den Fügepartnern. Der Spalt bildet die Beschleunigungsstrecke für das „Flyer"-Bauteil, bevor dieses mit dem ruhenden „Parent"-Bauteil kollidiert und unter Ausbildung eines charakteristischen Prozessleuchtens, dem Impaktblitz, verschweißt (Pabst und Groche 2014). Im Gegensatz zu Schmelzschweißverfahren wie dem Laserstrahlschweißen führt dies zwar zu größeren zulässigen Toleranzen, allerdings kann es im Fall von Rohrverbindungen bei einem zu großen Fügespalt zur unerwünschten Faltenbildung des komprimierten Rohres kommen. Lueg-Althoff zeigte, dass das Magnetpulsschweißen von Rohren teilweise das Abstützen des inneren Fügepartners erfordert, wie durch Position 13 in Abbildung 2.1 b) gezeigt (Lueg-Althoff 2019). Dies bedingt wiederum, dass die Fügestelle von mindestens einem der beiden Rohrenden aus erreichbar sein muss. Des Weiteren bedarf es beim Beschleunigen von elektrisch schlecht leitfähigen oder sehr dünnwandigen Fügepartnern zusätzlicher Hilfselemente, sogenannten Treibern, um die gewünschte Interaktion mit dem Magnetfeld zu erzeugen (Faes 2011). Der Verschweißeffekt tritt nur bei ausreichend großen Kollisionsgeschwindigkeiten auf, was je nach Anwendungsfall teilweise sehr hohe magnetische Flussdichten erfordert. Diese führen neben der beabsichtigten elektromagnetischen Umformung außerdem zur Kraftwirkung auf alle elektrisch leitfähigen Bauteilbereiche in der unmittelbaren Umgebung und dadurch unter Umständen zur Notwendigkeit von konstruktiven Anpassungen oder Maßnahmen zum Abschirmen. Der verschweißte Bereich der Überlappverbindung endet verfahrensbedingt vor den Kanten der gefügten Bauteile, sodass ein nicht gefügter spaltförmiger Bereich offen bleibt. Beim Einsatz solcher Baugruppen in korrosiven Umgebungen müssen insbesondere bei Mischverbindungen Maßnahmen zum Korrosionsschutz ergriffen werden. Außerdem führt nur eine gewissenhafte Oberflächenreinigung vor dem Fügeprozess zu einer Schweißnahtausbildung ohne Fehlstellen, was mit einem erhöhten Vorbereitungsaufwand einhergeht. In diesem Zusammenhang betont Faes (2011), dass der Magnetpulsschweißprozess sehr empfindlich auf geänderte Prozessparameter reagiert. Dies setzt das präzise Einstellen und Überwachen der Schweißbedingungen voraus, um beispielsweise auf chargenbedingte Abweichungen der Werkstoffkennwerte zu reagieren und damit für eine gleichbleibende Schweißnahtqualität zu sorgen. Der Einsatz des Magnetpulsschweißens beschränkt sich derzeit auf die Fertigung in Fabriken, ein mobiler Einsatz für Reparaturzwecke oder die Endmontage bestimmter Bauteile erfolgte bisher nicht (Faes 2011).

Trotz der vielen Randbedingungen gilt es zu beachten, dass die Gruppe der Pressschweißverfahren zum Herstellen belastbarer und stoffschlüssiger Multimaterialverbindungen wesentlich weniger Verfahren beinhaltet als beispielsweise die zahlreichen Untergruppen der Schmelzschweißverfahren. Unter den Pressschweißmethoden stellt das Magnetpulsschweißen aufgrund seiner kurzen Prozesszeit von wenigen Mikrosekunden und seiner Automatisierbarkeit ein attraktives Verfahren in der industriellen Massenfertigung dar (Bmax 2016). Es eignet sich gut für das Verbinden von dünnwandigen, gut leitfähigen Rohren oder Blechen mit massiven oder dünnwandigen Werkstücken eines anderen metallischen Werkstoffes, wie Abbildung 2.2 verdeutlicht. Trotz der Bemühungen zum Erweitern der Prozessgrenzen bei bestimmten Werkstoffkombinationen (Yablochnikov 2006) und beachtlicher Schweißerfolge bei Aluminium-Rohrbauteilen mit bis zu 6 mm Wandstärke (PSTproducts GmbH 2019) sind dem Magnetpulsschweißen teilweise physikalische oder anlagentechnische Grenzen gesetzt, die je nach Geometrie und Werkstoffkennwerten der Fügepartner den Einsatz alternativer Fügeverfahren erfordern. Dementsprechend empfiehlt sich beispielsweise für Fügeflächen in der Größenordnung einiger Quadratmeter oder bei schlecht leitfähigen Werkstoffen der Einsatz des Explosivschweißens. Es ermöglicht durch die ca. vierfach höheren Energiedichten das Herstellen von meterlangen Bimetallplatten, beispielsweise zum Behälterbau für die chemische Industrie mit hohen Anforderungen an die chemische Beständigkeit (Zhang et al. 2010b). Bei massiven Bauteilen mit Abmessungen im Bereich einiger Zentimeter besteht die Möglichkeit des Kaltpressschweißens mittels Stempel und Matrize (Gerlitzky et al. 2019) oder mit einer Walze als Umformwerkzeug (Samandari et al. 2017). Für Werkstoffe, die sich schlechter umformen lassen, stellt das Reibschweißen eine Alternative dar und findet sein Einsatzgebiet zum Beispiel beim Fügen von Titan-Schaufeln für Flugzeugtriebwerke. Bei Mischverbindungen sorgt das gezielte Einstellen des Wärmeeintrages für ein begrenztes Wachstum der intermetallischen Phasen und damit tragfähige Verbindungen (Cai et al. 2018). Das Ultraschall-schweißen basiert ebenfalls auf der lokalen Wärmeentwicklung in der Fügezone, hervorgerufen durch die Relativbewegung zwischen den Werkstücken. Es eignet sich jedoch nur für Drähte mit Durchmessern von 0,01 bis 0,5 mm oder dünne Folien (Cai et al. 2018). Für dickwandigere Bauteile mit komplizierten Nahtgeometrien kann das Rührreibschweißen eingesetzt werden, bei dem ein rotierendes Werkzeug für eine lokale Wärmeentwicklung und Durchmischung der zu fügenden Werkstoffe sorgt (Marstatt et al. 2017). Durch Kombination verschiedener Fügeverfahren lassen sich deren spezifische Vorteile ausnutzen und bestehende Prozessgrenzen erweitern. So können hybride Bauteile beispielsweise durch Walzplattieren eines Bimetallbandes hergestellt werden, welches als „Transition Joint" dient und an das mittels Schmelzschweißen jeweils artgleiche Fügepartner angebunden werden (Bellmann et al. 2014).

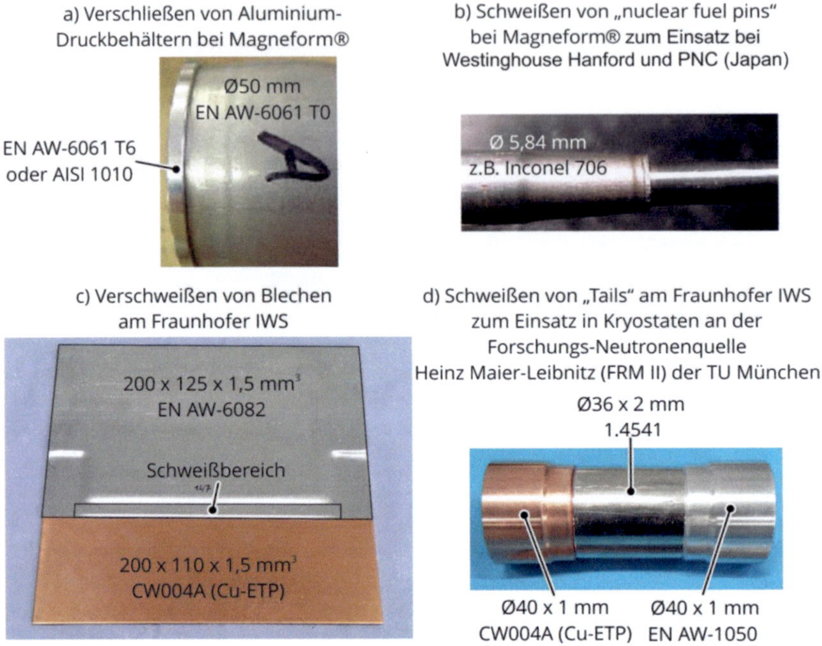

Abbildung 2.2: Anwendungsbeispiele für das MPW (a) und b) entnommen und überarbeitet von Magneform (1978), d) entnommen und überarbeitet von Bellmann et al. (2021))

Neben den dargestellten Anwendungen gibt es weitere Beispiele aus den Bereichen Automobilbau, Luftfahrt, Verpackung, Haushaltsgeräte, Energie, Kabelverbindung, Rohrleitungsbau und Wärmeübertragung (Bmax 2019b), sowie in den Marktsegmenten Batterietechnik, Elektromobilität und Leichtbau (Pasquale et al. 2016). Mittels Magnetpulsschweißen lassen sich hybride Strukturbauteile zum Übertragen von Kräften und Momenten, Rohr- oder Behälterstrukturen zum Weiterleiten oder Speichern von Fluiden und Bauteile zur Wärme- und Stromübertragung herstellen. Die Notwendigkeit für das Fügen artungleicher Werkstoffe entsteht dabei beispielsweise durch eine kostenbedingte Werkstoffsubstitution oder durch Anforderungen wie den belastungsgerechten Werkstoffeinsatz zur Massereduktion (Goede et al. 2009). Leichtbau trägt dazu bei, den Energieverbrauch im Transportwesen zu senken. Dieser Sektor hatte im Jahr 2017 einen Anteil von knapp 30 % des Endenergieverbrauches in Deutschland und erhöhte sich von 661 TWh im Jahr 1990 auf 749 TWh im Jahr 2016 (Umweltbundesamt 2019). Initiativen wie „Metalle pro Klima" forcieren den vermehrten Einsatz von Nichteisenmetallen in Fahrzeugen zum Reduzieren des Kraftstoffverbrauches. Das Recycling dieser Werkstoffe gestaltet sich einfacher als bei nichtmetallischen Werkstoffen, weswegen beispielsweise Aluminium als „nachhaltigster Werkstoff für den automobilen Leichtbau“ gilt (Metalle pro Klima 2017). Im Rahmen eines Forschungsprojektes nutzte die DANA Corporation bereits 1998 das Magnetpulsschweißen, um eine Antriebswelle aus einem Aluminiumrohr und Stahlenden mit niedrigem Kohlenstoffgehalt herzustellen (Kochan 2000). Die hybride Bauweise weist ein geringeres Gewicht und eine höhere Steifigkeit als die Monomaterialvariante aus Stahl auf. Zudem treten im Betrieb weniger Vibrationen auf und das Magnetpulsschweißen ermöglicht neue geometrische Gestaltungsvarianten und damit einhergehende Einsparungen im Antriebsstrang. Ausgiebige Belastungstests führten stets zum Versagen im Rohrwerkstoff und belegen die hohe Festigkeit der Fügeverbindung. Die Firma DANA passte die Anlagentechnik für eine Serienproduktion an und hat mehrere Patente zum Magnetpulsschweißen inne, die sich sowohl auf Antriebswellen (Yablochnikov 2002), als auch Rahmenstrukturen in Mischbauweise beziehen (Durand 2001b). Neben der Kraftstoffeinsparung bei der Benutzung solcher Fahrzeuge kann die DANA Corporation durch die Wahl des Magnetpulsschweißens auch beim Herstellen der Antriebswellen den Energieverbrauch senken und auf das Schutzgas verzichten, das normalerweise beim Schmelzschweißen zum Einsatz kommt. Das Unternehmen zeigt damit, dass dieses neuartige Schweißverfahren das Potential besitzt, „komplette Industrien zu ändern“ (Durand 2001a).

Das Magnetpulsschweißen besteht im Wesentlichen aus zwei Prozessschritten: erstens der elektromagnetischen Umformung von mindestens einem der beiden Fügepartner und zweitens einer daraus resultierenden Hochgeschwindigkeitskollision der Fügepartner, bei der die eigentliche Verbindungsausbildung stattfindet.

2.2 Wirkprinzip und Einflussgrößen beim elektromagnetischen Umformen

Dieses Kapitel beschreibt zunächst das Hochgeschwindigkeitsumformen infolge der elektromagnetischen Kraftwirkung. Abbildung 2.3 a) zeigt schematisch die für eine elektromagnetische Umformung benötigten Elemente. Als Werkzeug fungiert eine einwindige Kompaktspule, die während des Prozesses für die Kompression des in ihrem Inneren befindlichen Rohrquerschnittes sorgt. Die Spule bildet zusammen mit dem angeschlossenen Pulsgenerator einen elektrischen Schwingkreis. Sobald sich die in den Kondensatoren gespeicherte elektrische Energie durch Schließen des Hochstromschalters in den Schwingkreis entlädt, fließt ein primärer Wechselstrom $I(t)$ in Form einer gedämpften Sinusschwingung durch die Spule, siehe Bildteil c). Durch den elektrischen Strom baut sich ein Magnetfeld im Inneren der Spule auf.

Entsprechend dem Induktionsgesetz induziert das veränderliche Magnetfeld in dem Rohrquerschnitt einen sekundären Strom $I_W(t)$ in entgegengesetzter Richtung zum Spulenstrom. Aus dem stromdurchflossenen Rohr in dem Magnetfeld resultiert eine Lorentzkraft, deren Wirkrichtung an jeder Stelle des Rohrquerschnittes nach innen zeigt. Die Integration der volumenbezogenen Lorentzkraft über die Rohrwandstärke ergibt den magnetischen Druck p_{mag}, der, wie in Bildteil b) dargestellt, von außen auf die Rohroberfläche wirkt. Übersteigen die durch den magnetischen Druck induzierten mechanischen Spannungen im Rohrwerkstoff dessen Fließspannung, kommt es ab dem Zeitpunkt t_0 zu einer plastischen Umformung und radialen Einschnürung des Rohres $u(t)$, siehe Bildteil d).

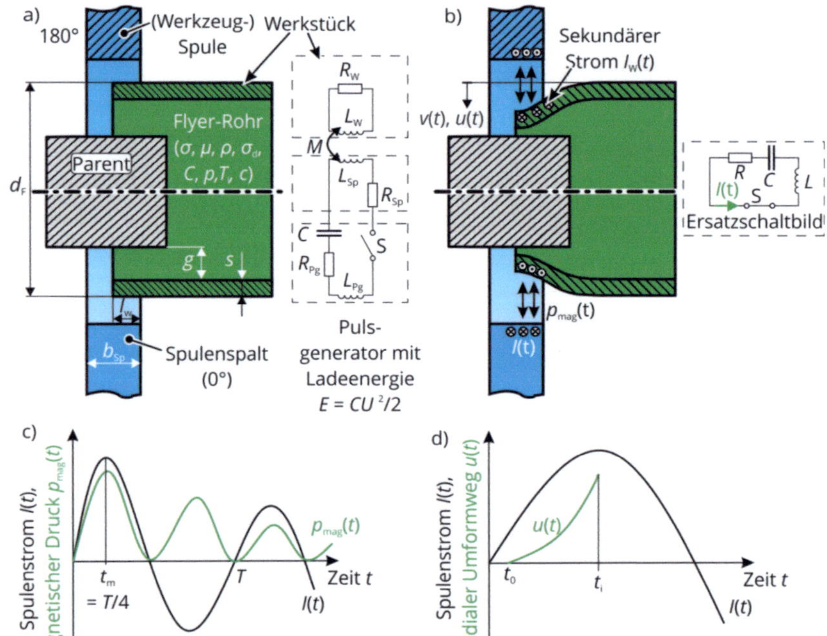

Abbildung 2.3: Prinzip des elektromagnetischen Umformens anhand von Rohren mit a) anfänglicher Fügeanordnung, b) umgeformten Flyer-Rohr, c) zeitlichem Verlauf des Spulenstroms und des magnetischen Drucks und d) zeitlichem Verlauf des radialen Umformwegs

Bei der Verwendung von mehrwindigen Werkzeugspulen kommen oftmals Feldformer zum Einsatz, die den magnetischen Druck im Umformbereich des Werkstückes erhöhen, siehe Abbildung 2.4 (Dietz et al. 1967).

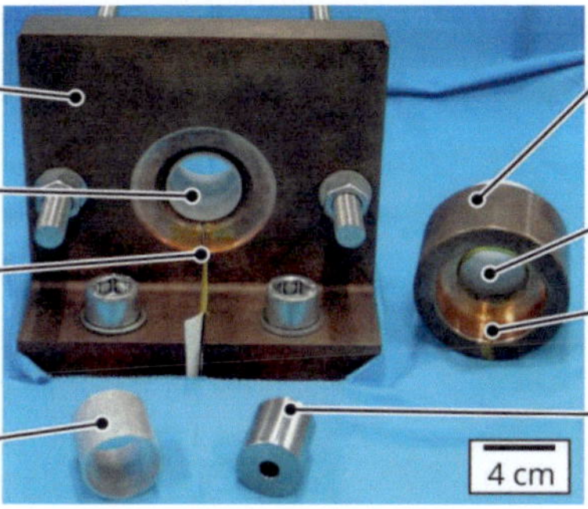

Abbildung 2.4: Werkzeuge zur elektromagnetischen Rohrkompression in einwindiger Kompaktbauweise (links) und Feldformer-Bauweise (rechts)

Die folgende Aufzählung beschreibt die wichtigsten Einflussgrößen bei der elektromagnetischen Umformung am Beispiel der Rohrkompression.

Elektrische Parameter (Dietz et al. 1969)

Bei der Entladung der elektrischen Energie *E* aus den Kondensatoren durchfließt ein Strom *I*(*t*) in Form einer gedämpften Sinusschwingung die Werkzeugspule. Gemäß der Gleichung 2.1 hängt dieser von der Kondensatorladespannung *U*, der Kondensatorkapazität *C*, der Induktivität *L* und dem Widerstand *R* ab.

$$I(t) = \frac{U}{\omega_1 L} e^{-\gamma t} \sin \omega_1 t \text{ mit } {\omega_1}^2 = \omega^2 - \gamma^2;\ \omega^2 = \frac{1}{LC};\ \gamma = \frac{R}{2L};\ f_\mathrm{E} = \frac{\omega}{2\pi} \qquad 2.1$$

Die beiden letztgenannten Größen *L* und *R* stellen Ersatzgrößen dar, die sowohl den kompletten primären Schwingkreis mit Werkzeugspule und Zuleitungen als auch das umzuformende Bauteil in Spulennähe berücksichtigen. Aus ihnen ergeben sich die Entladefrequenz f_E und der Dämpfungsfaktor γ. Die Ersatzgrößen berechnen sich nach den Gleichungen 2.2 bis 2.4 (Jablonski und Winkler 1978), wobei die Indizes Pg, Sp und W den Pulsgenerator, die Spule und das Werkstück, *n* die Windungszahl der Spule und *M* die Gegeninduktion zwischen Spule und Werkstück bezeichnen. Zur Berechnung der einzelnen Induktivitäten und Widerstände von verschiedenen Spulenbauformen sei auf Psyk et al. (2014) verwiesen.

$$L = L_\mathrm{PG} + L_\mathrm{Sp} - \frac{M^2}{L_\mathrm{W}} \qquad 2.2$$

$$M = n \cdot L_\mathrm{W} \qquad 2.3$$

$$R = R_\mathrm{PG} + R_\mathrm{Sp} + \frac{M^2}{{L_\mathrm{W}}^2} \cdot R_\mathrm{W} \qquad 2.4$$

Das Strommaximum I_{max} berechnet sich nach der Gleichung 2.5, tritt zum Zeitpunkt t_m auf und führt bei der Spulenbreite b_{Sp} mit der magnetischen Permeabilität μ zur Induktion B_{max} in Gleichung 2.6.

$$I_{\text{max}} = U \cdot \sqrt{\frac{C}{L}} e^{-\gamma t_{\text{m}}} \text{ mit } t_{\text{m}} = \frac{1}{\omega_1} \tan^{-1} \frac{\omega_1}{\gamma} \qquad 2.5$$

$$B_{\text{max}} = \mu \frac{n}{b_{\text{Sp}}} I_{\text{max}} \qquad 2.6$$

Damit ergibt sich der maximale magnetische Druck $p_{mag,\,max}$ gemäß Gleichung 2.7.

$$p_{\text{mag,max}}(t) = \mu \frac{n^2}{{b_{\text{Sp}}}^2} \frac{CU^2}{2} \frac{1}{L} e^{-2\gamma t_{\text{m}}} \qquad 2.7$$

Das Erreichen der notwendigen Umformgeschwindigkeiten für ein erfolgreiches Magnetpulsschweißen bedarf eines möglichst hohen magnetischen Drucks, beeinflussbar durch die im Kondensator gespeicherte Energie $E = CU^2/2$. Heutige Kondensatorbänke für die elektromagnetische Umformung sind meist modular aufgebaut und speichern bis zu 200 kJ elektrische Energie (Bmax 2019a). Der magnetische Druck nimmt außerdem bei kleinen Induktivitäten der Gesamtanordnung, schmalen Spulen und hohen Entladefrequenzen f_E, also kleinen Werten für t_m, zu. Das Einstellen des Magnetpulsschweißprozesses sollte so erfolgen, dass der Zeitpunkt der Hochgeschwindigkeitskollision t_i ungefähr mit t_m zusammenfällt, weil danach der magnetische Druck und damit auch die Bauteilbeschleunigung abnehmen, siehe auch Abbildung 2.3 c) (Faes 2011). Gleichzeitig steigt der Widerstand des Rohres gegen die Umformung aufgrund des Aufdickens und das Risiko für Faltenbildung.

Werkstoffeigenschaften (Dietz et al. 1968)

Der induzierte Sekundärstrom besitzt durch den Skin-Effekt an der spulenzugewandten Flyer-Rohroberfläche seinen Maximalwert und nimmt exponentiell über die Wandstärke ab. Die Skintiefe δ in Gleichung 2.8 beschreibt dabei den Abstand von der Oberfläche, bei dem die Stromdichte noch 1/e des Maximalwertes beträgt. Sie hängt neben der elektrischen Leitfähigkeit σ und der magnetischen Permeabilität μ auch von der Frequenz f_E des Entladestromes ab (Dietz et al. 1967). Dieser Zusammenhang spielt insbesondere bei Rohren mit einer Wandstärke unterhalb der Skintiefe eine entscheidende Rolle, weil das Magnetfeld den Flyer durchdringt und dadurch der resultierende magnetische Druck aus der Differenz zwischen Rohraußen- und Rohrinnenseite abnimmt. In diesem Fall stellt die Wahl einer größeren Entladefrequenz beispielsweise durch eine kleinere Kapazität C im Schwingkreis gemäß Gleichung 2.1 eine wirksame Maßnahme dar, um die Stromdichte an der Oberfläche und damit den magnetischen Druck sowie die Flyer-Beschleunigung zu erhöhen. Alternativ besteht die Möglichkeit, an der Außenseite des Flyers eine dünne Schicht eines Werkstoffes mit höherer elektrischer Leitfähigkeit zu positionieren und diese als „Treiberschicht" zur Beschleunigung des Flyers zu verwenden.

$$\delta = \frac{1}{\sqrt{\pi \cdot \sigma \cdot \mu \cdot f_\mathrm{E}}} \qquad 2.8$$

Um eine komplette Magnetfelddurchdringung des Flyers zu vermeiden, sollte die Flyer-Wandstärke mindestens 1,5-mal so groß sein wie die frequenz- und werkstoffabhängige Skintiefe δ (Dietz et al. 1969). Unter dieser Annahme und eines als konstant angenommenen Gegendrucks des Werkstücks p_d gilt die Bewegungsgleichung in Gleichung 2.9, wobei ρ, s und σ_d die Dichte, Wandstärke und Fließspannung des Flyers bezeichnen und u den radialen Umformweg.

$$\rho s \frac{d^2u}{dt^2} = p_\mathrm{mag}(t) - p_\mathrm{d} \text{ mit } p_\mathrm{d} = \sigma_d \frac{2s}{d_\mathrm{F}} \qquad 2.9$$

Die Annäherung des sinusförmigen magnetischen Druckverlaufes durch Geradenabschnitte ermöglicht die Berechnung der Umformgeschwindigkeit v ab dem Zeitpunkt t_0, wenn der magnetische Druck den Gegendruck des Werkstücks übersteigt und die Umformung beginnt, bis zum ersten Strommaximum gemäß Gleichung 2.10, sowie des Umformweges nach Gleichung 2.11.

$$v(t) = \frac{2p_\mathrm{mag,max}}{\rho s T_1}(t-t_0)^2 \text{ mit } T_1 = \frac{2\pi}{\omega_1} \text{ und } t_0 = \frac{T_1 p_d}{4p_\mathrm{mag,max}} \qquad 2.10$$

$$u(t) = \frac{2p_\mathrm{mag,max}}{3\rho s T_1}(t-t_0)^3 \text{ mit } T_1 = \frac{2\pi}{\omega_1} \text{ und } t_0 = \frac{T_1 p_d}{4p_\mathrm{mag,max}} \qquad 2.11$$

Die vorangegangenen Gleichungen verdeutlichen den Einfluss der Werkstoffeigenschaften auf das Umformverhalten. Bei gleichen geometrischen Bedingungen und magnetischem Druck führen sowohl eine größere Werkstoffdichte als auch eine höhere Fließspannung zu einer geringeren Beschleunigung. Das Modell von Dietz et al. (1968) geht dabei von einer konstanten Fließspannung aus und berücksichtigt weder die Kaltverfestigung noch das Verfestigungsverhalten des Werkstoffes in Abhängigkeit der Umformgeschwindigkeit.

Um das Flyer-Bauteil beim Magnetpulsschweißen innerhalb weniger Mikrosekunden auf eine Geschwindigkeit von mehreren Hundert Metern pro Sekunde zu bringen, bedarf es Beschleunigungen im Bereich von 10^7 ms^{-2}. Dadurch treten Umformgeschwindigkeiten $\dot{\varphi}$ in der Größenordnung von 10^4 s^{-1} auf, die das plastische Fließverhalten des Flyer-Werkstoffes beeinflussen (Psyk et al. 2011). Das experimentelle Ermitteln von Fließkurven für derart hohe Umformgeschwindigkeiten ist vergleichsweise aufwändig, kann aber beispielsweise durch inverse Parameterbestimmung erfolgen (Brosius 2005). Dabei werden die unbekannten Umformgeschwindigkeitsparameter eines Werkstoffmodels, beispielsweise C und p im Cowper und Symonds-Modell (Cowper und Symonds 1957), in einer Finite-Element-Analyse iterativ angepasst, bis die errechneten Verschiebungsverläufe mit den im Versuch gemessenen übereinstimmen. Der magnetische Druck wirkt jedoch nicht nur auf das Flyer-Bauteil, sondern in entgegengesetzter Richtung auch auf die Werkzeugspule. Um ein Plastifizieren des Spulenwerkstoffes zu vermeiden, muss der spulenseitige Gegendruck über dem magnetischen Druck liegen (Gersdorf et al. 1965). Aus diesem Grund kommen für die einwindigen Kompaktspulen oder die Feldformer meistens höherfeste Kupferwerkstoffe wie CuCr1Zr mit einer 0,2 %-Dehngrenze von mindestens 250 MPa zum Einsatz (Schmelzmetall 2014).

Der Stromfluss in der Werkzeugspule bewirkt nicht nur eine Umwandlung der elektrischen Energie in magnetische Feldenergie, sondern auch in Wärme, die durch die Jouleschen Verluste aufgrund der elektrischen Widerstände von Flyer und Werkzeugspule entsteht. Gemäß Gleichung 2.12 erwärmt sich ein Volumenelement mit der Anfangstemperatur T_i, der Dichte ρ, der spezifischen Wärmekapazität $c(T)$, der elektrischen Leitfähigkeit $\sigma(T)$ und der Stromdichte $j(t)$ ab dem Anfangszeitpunkt t_i bis zum Endzeitpunkt t_f auf die Endtemperatur T_f (Psyk et al. 2014).

$$\int_{t_i}^{t_f} j(t)^2 \cdot dt = \int_{T_i}^{T_f} \rho \cdot c(T) \cdot \sigma(T) \cdot dT \qquad 2.12$$

Aufgrund ihres quadratischen Einflusses kommt der Stromdichte eine besondere Bedeutung bei der Erwärmung zu. Sowohl an der Flyer-Außenseite als auch an der Spuleninnenseite führt der beschriebene Skin-Effekt zu hohen Stromdichten, siehe Abbildung 2.3 b). Auf Seiten des Werkstückes kann diese Erwärmung zum lokalen Anschmelzen der Oberfläche führen (Bellmann et al. 2019c). Bei einer ausreichend großen Wandstärke wird die Verbindungsausbildung beim Magnetpulsschweißen dadurch jedoch nicht negativ beeinflusst, da die Wärmeübertragung zur Fügezone zu langsam erfolgt (Faes 2011). Außerdem besitzt jedes Flyer-Werkstück zum Anfangszeitpunkt dieselbe Temperatur. Für die Werkzeugspule trifft dies in der industriellen Fertigung nicht zu. Sie erhält mit jedem Strompuls eine bestimmte Wärmemenge und erwärmt sich solange, bis sich ein Gleichgewicht durch die Wärmeabgabe in die Umgebung eingestellt hat. Die erhöhten Temperaturen können bei den verwendeten thermisch ausgehärteten Spulenwerkstoffen zum Absinken der Fließspannung führen

(Schmelzmetall 2014). In Kombination mit der schlagartigen mechanischen Belastung durch den magnetischen Druck kann es daher zu unerwünschten Formänderungen des Werkzeugs im Wirkbereich kommen, die auch die dort befindlichen Isolationsschichten zerstören (Psyk et al. 2014). Aus diesem Grund erfolgt bei im Dauerbetrieb befindlichen Spulen oftmals der Einsatz von Werkstoffen mit guter elektrischer und thermischer Leitfähigkeit zum Absenken der Jouleschen Verlustleistung und zum schnelleren Homogenisieren der Temperatur innerhalb der Spule, sowie eine aktive Kühlung (Psyk et al. 2014).

Geometrische Eigenschaften (Faes 2011)

Aus Gleichung 2.9 geht hervor, dass eine größere Wandstärke s sowohl die zu beschleunigende Masse als auch den Gegendruck p_d des Werkstückes erhöht, sodass das Erreichen einer bestimmten Umformgeschwindigkeit einen größeren magnetischen Druck erfordert. Einen umgekehrten Effekt weist der Außendurchmesser des Flyer-Rohres d_F auf, da der Gegendruck p_d von größeren Rohren sinkt und bereits ein geringerer magnetischer Druck zum Plastifizieren führt. Allerdings bedarf es zum Ausgleich der größeren Induktivität einer größeren Spule gemäß Gleichung 2.7 einer erhöhten Ladeenergie E. Der Fügespalt g richtet sich nach der eingestellten Beschleunigung und der erforderlichen Aufprallgeschwindigkeit. Ein kleiner Fügespalt reduziert das Risiko und das Ausmaß der Faltenbildung bei der Rohrkompression (Lueg-Althoff et al. 2018b), sowie ein Ansteigen des Gegendrucks p_d infolge der wachsenden Wandstärke gemäß Gleichung 2.9. Er empfiehlt sich außerdem bei Werkstoffen mit geringer Bruchdehnung, um Rissbildung vorzubeugen.

Beim Magnetpulsschweißen von rotationssymmetrischen Bauteilen sorgt eine konzentrische Ausrichtung der Fügepartner für eine gleichmäßige Schweißnahtausbildung entlang des Umfangs. Eine Besonderheit bildet jedoch die Stelle des Schlitzes an einwindigen Spulen und Feldformern, welcher für den Stromfluss an deren Innenseite im Wirkbereich benötigt wird. Diese Inhomogenität hat eine reduzierte magnetische Feldstärke, Beschleunigungswirkung und Aufprallgeschwindigkeit zur Folge. Das Magnetpulsschweißen setzt je nach Werkstoffkombination Aufprallgeschwindigkeiten zwischen 250 und 500 m/s voraus (Ben-Artzy et al. 2010). Ein Verschweißen findet jedoch nur statt, wenn die Fügepartner nicht flach, sondern wie im folgenden Kapitel beschrieben, unter einem bestimmten Winkel aufeinander treffen. Das Einstellen der erforderlichen Kollisionsbedingungen im Fügebereich erfolgt beispielsweise über die Werkstückform im Fügebereich, über den Fügespalt g oder über die relative Position vom Flyer im Wirkbereich der Spule, genannt Wirklänge l_w. Letztere beeinflusst das Abrollverhalten dahingehend, dass entweder ein einseitiges Abrollen zum Erzeugen einer

Endverbindung oder ein zweiseitiges Abrollen für das Herstellen einer Mittelverbindung stattfindet (Lorenz et al. 2016). Numerische Simulationen des elektromagnetischen Umformens und der anschließenden Kollision unterstützen die Prozesseinstellung, indem die auftretenden Impaktgeschwindigkeiten und -winkel ermittelt und durch geeignete Wahl der Parameter oder Fügepartnergeometrien in den Schweißbereich verschoben werden (Cuq-Lelandais et al. 2014).

2.3 Theorien zum Fügemechanismus beim Kollisionsschweißen

Das Kollisionsschweißen bzw. das Schweißen mit hoher mechanischer Energie gemäß DIN EN ISO 4063 (2011) stellt die zweite Prozessphase beim Magnetpulsschweißen dar, in der sich die stoffschlüssige Verbindung zwischen den beiden Fügepartnern ausbildet. Wie bei anderen Schweißverfahren auch, müssen dazu zunächst störende Schichten entfernt und anschließend die Oberflächen in unmittelbare Nähe zueinander gebracht werden. Bei den klassischen Schmelzschweißverfahren erfolgen diese beiden Prozessschritte durch das Ausbilden des Schmelzbades. Bei Pressschweißverfahren hingegen geschieht das Entfernen der Schichten auf anderem Wege und die Oberflächen nähern sich durch hohen Druck an. Beim Walzplattieren beispielsweise sorgt die Oberflächenvergrößerung infolge der plastischen Deformation im Fügebereich für das Aufbrechen der Oxidschichten und Freilegen juveniler Oberflächen, die durch den vorherrschenden Fügedruck metallische Bindungen eingehen (Bay et al. 1994). Das Schweißen mit hoher mechanischer Energie unterscheidet sich davon insofern, als dass die plastischen Deformationen bei der Hochgeschwindigkeitskollision zumindest lokal noch sehr viel höhere Werte annehmen können und es dadurch zum sogenannten „Jetting“ kommt. Aktuelle Experimente zur Hochgeschwindigkeitskollision von metallischen Partikeln mit einer metallischen Oberfläche beweisen die Notwendigkeit dieses Jets für eine Verbindungsausbildung und belegen eine hydrodynamische Ursache für seine Entstehung (Hassani-Gangaraj et al. 2018). Diese Erkenntnisse stimmen mit früheren Beobachtungen bei Hochgeschwindigkeitsexperimenten zwischen Blechen überein. Vor allem beim Spreng- oder Explosivschweißen lässt sich ein ausgeprägter Jetting-Effekt aufgrund der hohen Impaktenergien beobachten (Bergmann et al. 1966). Bei einem Hochgeschwindigkeitsaufprall unter einem definierten Kollisionswinkel β bildet sich eine fortschreitende Kollisionsfront mit der Geschwindigkeit v_c aus, siehe Abbildung 2.5. An dieser herrschen für kurze Zeit sehr hohe Drücke im Bereich von einigen Gigapascal, die zu einem hydrodynamischen Werkstoffverhalten mit Umformgeschwindigkeiten von $10^4\ s^{-1}$ bis $10^5\ s^{-1}$ und dem Herauspressen des Jetmaterials in Schweißrichtung führen. Dieser Werkstofffluss in Form des Jets sorgt für das Aktivieren und Reinigen der Bauteiloberflächen vor dem Kollisionspunkt, bevor der hohe Druck des Aufpralls schließlich die metallischen Atombindungen ausbildet. Bei kleinen Kollisionswinkeln bzw. hohen Kollisionsfrontgeschwindigkeiten tritt der Jet als eine Partikelwolke auf, die Deribas und Zakharenko als „Cloud of Particles" bezeichnen (1974). Unter bestimmten Bedingungen nimmt die Fügezone eine wellenförmige Gestalt an, was jedoch kein notwendiges Schweißkriterium darstellt (Bahrani et al. 1997). Für das Entstehen dieses Effektes gibt es verschiedene Theorien, die allesamt auf der Annahme basieren, dass sich die Werkstoffe am Kollisionspunkt hydrodynamisch verhalten:

Kelvin-Helmholtz Instabilitäten (Ben-Artzy et al. 2010)

Kelvin-Helmholtz Instabilitäten resultieren aus Interferenzeffekten, die an der Grenzfläche zwischen zwei Fluiden mit verschiedenen Strömungsgeschwindigkeiten auftreten. Sie führen zu einem Massenstrom, der typischerweise vom Fluid mit der höheren Dichte zu dem mit der kleineren Dichte gerichtet ist. Auf Grund des Energieerhaltungssatzes folgt daraus auch eine entgegen gerichtete Strömung und es entsteht eine Wellenform, deren Charakteristik sich aus den beteiligten Werkstoffeigenschaften und den Kollisionsbedingungen ergibt.

Rayleigh-Taylor Prinzip (Pelz und Kuhr 2018)

Im Gegensatz zu den Kelvin-Helmholtz-Instabilitäten, die durch tangentiale Geschwindigkeitsunterschiede zwischen den Fluiden hervorgerufen werden, basiert das Rayleigh-Taylor Prinzip auf einer Kinetik normal zur Grenzfläche. Diese entsteht durch die Massenträgheit und den Druck des Fluids mit der geringeren Dichte auf dem Fluid mit der höheren Dichte.

Kármánsche Wirbelstraße (Cowan et al. 1971)

Kármánsche Wirbelstraßen können sich hinter umströmten Körpern bilden und bestehen aus einer Vielzahl gegenläufiger Wirbel. Ihre Ausprägung hängt von der Reynoldszahl ab, die sich aus der Viskosität und Strömungsgeschwindigkeit des Fluids, sowie dem Durchmesser des umströmten Körpers ergibt.

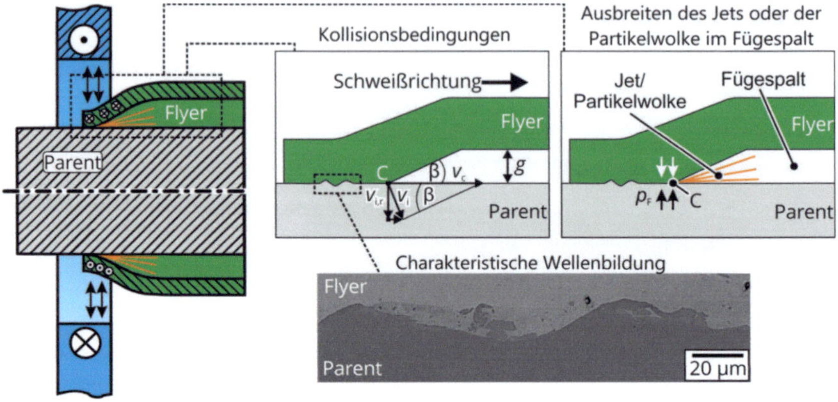

Abbildung 2.5: Prinzip des Kollisionsschweißens beim MPW mit kinetischen Kollisionsbedingungen am Kollisionspunkt C

Neben der beschriebenen Theorie des Kaltverschweißens berücksichtigen viele Untersuchungen auch den Wärmeeinfluss auf die Verbindungsausbildung. Dieser kann verschiedene Ursachen besitzen:

- Der hohe Druck und die Deformationen am Kollisionspunkt führen zum Erwärmen (Zakharenko und Sobolenko 1971).
- Beim Explosivschweißen findet die Schockkompression und das Erwärmen des Gases im Fügespalt, in der Regel Umgebungsluft, auf einige Tausend Grad Celsius statt (Ishutkin et al. 1979). Die entstehenden Temperaturen hängen von der Kollisionspunktgeschwindigkeit und den Eigenschaften des Gases im Fügespalt ab (Koschlig et al. 2008) und können zur Aktivierung der Fügepartneroberflächen führen.
- Die sich bildende Partikelwolke (Cloud of Particles) erhöht die Temperatur (Deribas und Zakharenko 1974).

Die Temperaturen in der Fügezone erreichen teilweise Werte oberhalb der Schmelztemperaturen der beteiligten Werkstoffe. Zahlreiche metallografische Untersuchungen bei Kollisionsschweißverfahren belegen, dass bei bestimmten Kollisionsbedingungen angeschmolzene und anschließend rasch abgekühlte Bereiche in der Fügezone existieren, beispielsweise beim Explosivschweißen (Bataev et al. 2017) oder beim Magnetpulsschweißen (Stern et al. 2014). Diese adiabatischen Vorgänge beeinflussen jedoch nur die unmittelbar benachbarten Bereiche neben der Fügezone, sodass sich die Proben insbesondere beim Magnetpulsschweißen insgesamt nur geringfügig erwärmen. Bei gleichartigen kollisionsgeschweißten

Aluminiumverbindungen treten scharfe Grenzen zwischen den Grundwerkstoffen und einer Schicht in der Fügezone auf, die aus neuen, rekristallisierten Körnern mit einer Korngröße im Nanometerbereich besteht und eine hohe Versetzungsdichte aufweist (Sharafiev et al. 2016). Dies führt zu einer größeren Härte der Zwischenschicht im Vergleich zu den Grundwerkstoffen (Stern und Aizenshtein 2002). Amorphe Werkstoffgefüge (Li et al. 2016) deuten auf extrem hohe Abkühlgeschwindigkeiten in der Größenordnung von 10^7 K/s hin (Bataev et al. 2017). Diese Befunde führen zu der Theorie, dass auch bei Kollisionsschweißverfahren das Anschmelzen der Oberflächen einen wichtigen Beitrag zur Verbindungsausbildung leisten muss (Ghosh et al. 2018). Die bereits erwähnten Partikelexperimente von Hassani-Gangaraj et al. zeigen, dass nur dann ein erfolgreiches Verschweißen auftritt, wenn das Partikel länger an die Platte gedrückt wird, als die flüssige Fügezone zum Erstarren benötigt. Diese Bedingung hängt u.a. von den Eigenschaften der beteiligten Werkstoffe ab und führt beispielsweise bei 14 µm großen Aluminiumpartikeln zu Mindestimpaktgeschwindigkeiten von 800 m/s, um diese mit einer Aluminium-Platte zu verschweißen (Hassani-Gangaraj et al. 2017). Bei größeren Strukturen des gleichen Werkstoffsystems liegen die erforderlichen Impaktgeschwindigkeiten deutlich niedriger bei ca. 200 m/s aufgrund der höheren kinetischen Energie bei der Kollision (Groche et al. 2017). Ein zu hoher Energieeintrag kann die Schweißnahtqualität negativ beeinflussen, wenn sich beispielsweise ein zu dicker intermetallischer Phasensaum bei Mischverbindungen bildet oder Rückfederungseffekte zum Trennen der Fügepartner vor dem vollständigen Erstarren des Fügebereiches führen (Kuz'min et al. 2004). Vor allem beim Explosivschweißen gilt es, diese obere Grenze einzuhalten, insbesondere an den vom initialen Kollisionspunkt weit entfernten Stellen, an denen die beschriebenen Vorgänge im Fügespalt über die Prozessdauer viel Wärme eintragen. Falls sich die Kollisionsbedingungen wegen der Größe oder Gestalt der Fügezone nicht anpassen lassen, können auch spezielle Zwischenschichten die intermetallische Phasenausbildung begrenzen (Verbraak et al. 1967). Die bisher aufgestellten temperaturbasierten Modelle beim Magnetpulsschweißen nehmen eine druckbedingte Wärmeentwicklung an, nachdem die Fügepartneroberflächen am Kollisionspunkt in Kontakt gekommen sind und berücksichtigen weder das Erwärmen der Oberflächen durch das schockkomprimierte Gas oder durch die Partikelwolke im Fügespalt vor dem Kontakt der Fügepartner, noch die dabei auftretenden Phasenübergänge (Bataev et al. 2017; Li et al. 2016; Zakharenko und Sobolenko 1971; Marya und Marya 2004).

Unabhängig von dem zugrunde liegenden Schweißmechanismus und der Methode den Flyer zu beschleunigen, lassen sich sogenannte Schweißparameterfenster wie in Abbildung 2.6 erstellen, welche die kinetischen Kollisionsbedingungen für ein erfolgreiches Verschweißen einer bestimmten Werkstoffpaarung darstellen. Sie basieren meistens auf Experimenten an Versuchsständen mit verschieden gearteter Flyer-Beschleunigung, beispielsweise pneumatisch (Psyk et al. 2008), mittels Pulverkanonen (Botros und Groves 1980), mechanisch (Groche et al. 2014), mit explosiven Medien (Simonov 1991) oder elektromagnetisch (Zhang et al. 2010b). Das Bestimmen der Kollisionsbedingungen erfolgt dabei entweder durch direktes Messen, durch Korrelation mit bestimmten Prozessparametern wie der Detonationsgeschwindigkeit beim Explosivschweißen oder dem Nachbilden der Hochgeschwindigkeitskollision in Simulationen (Cuq-Lelandais et al. 2014). Gleichung 2.13 stellt den Zusammenhang der drei wichtigsten kinetischen Kollisionsgrößen dar. Sie ermöglicht das Übertragen der klassischen Schweißparameterfenster vom Explosivschweißen in der v_c-β-Ebene in die für das Magnetpulsschweißen typischere $v_{i,r}$-β-Ebene. Im Gegensatz zum Explosivschweißen variieren die Kollisionsbedingungen beim Magnetpulsschweißen entlang des Abrollbereiches stark, sodass statt eines spezifischen Punktes im Schweißparameterfenster ein linienförmiger Verlauf angegeben wird (Cuq-Lelandais et al. 2014).

$$\frac{\sin 2\beta}{2} = \frac{v_i}{v_c} \text{ (Carpenter und Wittmann 1975)} \qquad 2.13$$

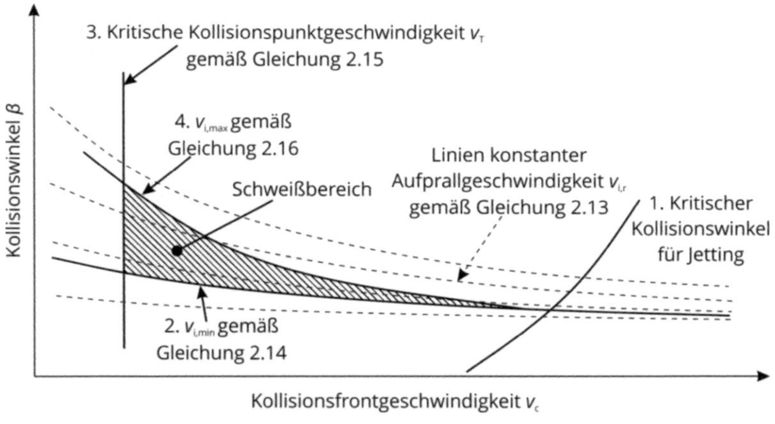

Abbildung 2.6: Klassisches Schweißparameterfenster mit hydrodynamischen Grenzen nach Carpenter und Wittmann (1975)

Vier Grenzen definieren den Schweißbereich (Carpenter und Wittmann 1975):

1. Der kritische Winkel zum Ausbilden eines für das Verschweißen notwendigen Jets gemäß Walsh et al. (1953)
2. Der kritische Aufpralldruck als untere Schweißgrenze zum Erreichen des hydrodynamischen Werkstoffverhaltens und Ausbilden des Jets, beschrieben durch die Mindestimpaktgeschwindigkeit $v_{i,min}$ gemäß Gleichung 2.14 mit der Zugfestigkeit R_m und der Werkstoffdichte ρ

$$v_{i,min} = \sqrt{\frac{R_m}{\rho}} \text{ (Carpenter und Wittmann 1975)} \qquad 2.14$$

3. Die kritische Kollisionspunktgeschwindigkeit v_T für den Übergang zu einer turbulenten Strömung, definiert durch die Reynoldszahl R_T in Gleichung 2.15 mit den Werkstoffdichten ρ und statischen Werkstoffhärten H für Flyer $_F$ und Parent $_P$

$$R_T = \frac{(\rho_F + \rho_P) v_T^2}{2(H_F + H_P)} \text{ (Cowan et al. 1971)} \qquad 2.15$$

4. Die maximale Impaktgeschwindigkeit $v_{i,max}$ im Zusammenhang mit dem Wärmeaufnahmevermögen der Fügezone zur Vermeidung einer schmelzflüssige Phase bei gleichzeitig auftretenden Zugkräften gemäß Gleichung 2.16 mit der Schmelztemperatur T_l, der Schallgeschwindigkeit c_S, der Wärmeleitfähigkeit k, der spezifischen Wärmekapazität c, der Flyer-Wandstärke s_F und der Konstanten N.

$$v_{i,max} = \frac{1}{N} \frac{\sqrt{T_l c_S}}{v_c} \left(\frac{k c c_S}{\rho_F s_F}\right)^{\frac{1}{4}} \text{ (Wittmann 1973)} \qquad 2.16$$

Die beschriebenen Schweißparameterfenster beinhalten zwar die technologischen Bedingungen, die zum Verschweißen führen, erlauben jedoch keinen Rückschluss auf die eigentlich wirksamen physikalischen Größen wie die zeitlichen Druck- und Temperaturbedingungen an einer spezifischen Stelle im Fügebereich. Aus diesem Grund definieren Lysak und Kuzmin den Druck-Verformungsimpuls I_d in einer zusätzlichen Dimension, der auch die beteiligten Massen und Geschwindigkeiten der Fügepartner berücksichtigt (Lysak und Kuzmin 2012). Beim Magnetpulsschweißen beeinflusst außerdem der zeitabhängige magnetische Druck $p_m(t)$ in Abhängigkeit der Anlagencharakteristik den Druck-Verformungsimpuls (Lueg-Althoff et al. 2018a). Dadurch lassen sich die untere und obere Grenze eines Kollisionsschweißprozesses in den Dimensionen Druck, Zeit und Temperatur darstellen (Lysak und Kuzmin 2012). Die Autoren nehmen dafür an, dass allein die plastische Deformation infolge des Aufpralldrucks zur Temperaturerhöhung in der Fügezone führt. Sie beschreiben das Explosivschweißen als Kaltschweißverfahren, da die berechneten Werte unterhalb der Schmelztemperaturen für die verschiedenen Werkstoffen liegen und verweisen außerdem darauf, dass die Jettemperatur beim Verschweißen von Kupfer bei ca. 1100°C liegt (Pai und Kuz'min 1994). Dem entgegen steht die Aussage aus einem wesentlich früher entstandenen Werk zum Explosivschweißen, das offensichtlich angeschmolzene Bereiche in der Fügezone dem Jet zuschreibt. In Abhängigkeit der vorherrschenden Kollisionsbedingungen kann dieser nicht aus der Fügezone entweichen, sodass seine kinetische Energie zur lokalen Wirbelbildung und zum Temperaturanstieg führt. Es besteht außerdem die Möglichkeit, dass die Interaktion des Jets mit den Oberflächenrauheiten zum Anschmelzen einer dünnen Schicht entlang der Fügezone führt (Crossland 1982, S. 198–199).

2.4 Erscheinungsbild und Eigenschaften der Verbindungszone

Kollisionsschweißverfahren ermöglichen das stoffschlüssige Verbinden von metallischen Werkstoffen, die sich hinsichtlich ihrer thermo-physikalischen Eigenschaften stark unterscheiden. Abbildung 2.7 zeigt beispielsweise das Ergebnis einer Machbarkeitsstudie am Fraunhofer Institut für Werkstoff- und Strahltechnik zum Herstellen eines Multi-Material-Bauteils. Das Magnetpulsschweißen reduziert in diesem Fall die notwendige Anzahl und Komplexität der Verbindungszonen, da zusätzliche Hilfselemente zwischen den verschiedenartigen Werkstoffen entfallen. Die direkten stoffschlüssigen Verbindungen erfüllen auch nach der thermischen Wechselbeanspruchung in einem Intervall von 77 K bis 293 K die hohen Dichtigkeitsanforderungen beim Einsatz in einem Kryostaten.

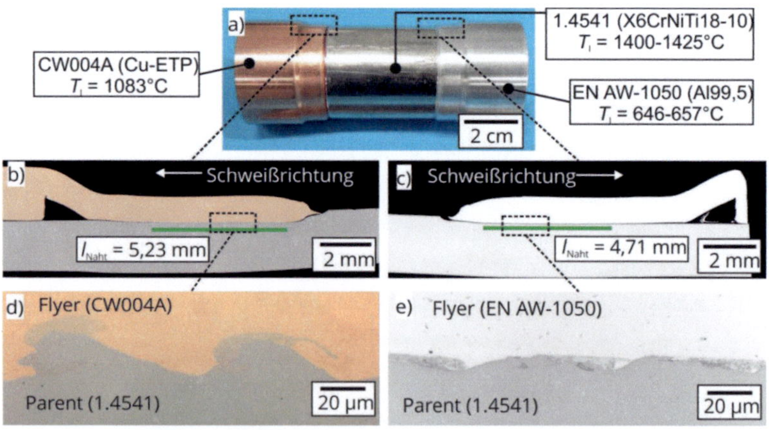

Abbildung 2.7: Metallische Mischverbindungen an einem Demonstratorbauteil für die Forschungs-Neutronenquelle Heinz Maier-Leibnitz (FRM II) der TU München zum Nachweis der Anwendbarkeit in einem Kryostaten, in Anlehnung an Bellmann et al. (2021)

Insbesondere die großen Unterschiede in den Schmelztemperaturen verhindern das Anwenden von herkömmlichen Schmelzschweißverfahren, bei denen sich meistens breite Bereiche mit intermetallischen Phasen ausbilden und folglich eine Verschlechterung der mechanischen Eigenschaften auftritt. Wie im Kapitel 2.3 beschrieben, lassen sich zwar auch in kollisionsgeschweißten Fügezonen Werkstoffanschmelzungen und intermetallische Phasen nachweisen, diese beschränken sich jedoch durch den deutlich reduzierten thermischen Energieeintrag auf ein viel kleineres und unkritisches Werkstoffvolumen in der Grenzschicht. Die prozesstypisch extremen Druck- und Temperaturverhältnisse beim Kollisionsschweißen bewirken außerdem weitere Effekte, die beim Schmelzschweißen in dieser Form nicht auftreten. Die folgende Aufzählung beschreibt einige wesentliche Effekte in explosiv- und magnetpulsgeschweißten Verbindungszonen.

Nahtausbildung

Kollisionsschweißungen führen klassischerweise zu Überlappverbindungen zwischen den Fügepartnern, siehe Abbildung 2.8. Der Bildteil b) zeigt den Querschliff einer typischen magnetpulsgeschweißten Fügezone. Sie besteht aus einem unverbundenen Anfangsbereich, in dem sich der für die Verbindungsausbildung notwendige Jet formiert, sowie dem sich daran anschließenden Schweißbereich (Lorenz et al. 2016). Im weiteren Verlauf der fortschreitenden Kollisionsfront verlassen die Kollisionsbedingungen das Schweißparameterfenster und es entsteht keine stoffschlüssige Anbindung mehr (Cuq-Lelandais et al. 2016).

Eine Fügeverbindung im Stumpfstoß konnte bisher nur auf einem speziellen Versuchsaufbau für Wandstärken realisiert werden, die für das Magnetpulsschweißen zu groß sind (Yamashita et al. 2018).

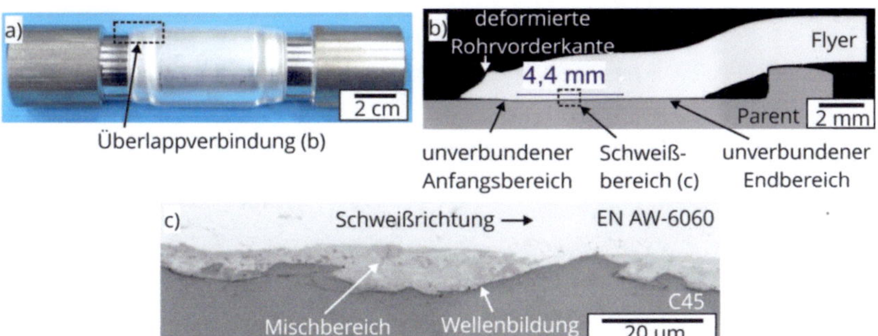

Abbildung 2.8: a) MPW-Verbindung zwischen Aluminium und Stahl mit b) Querschliff der Fügezone und c) Wellenform, in Anlehnung an Bellmann et al. (2016b)

Bauteildeformationen

Die Hochgeschwindigkeitsumformung des Flyers und die anschließende Kollision mit dem Parent führen je nach eingebrachter kinetischer Energie und mechanischen Eigenschaften der Fügepartner zu teilweise erheblichen plastischen Deformationen. Das Beispiel in Abbildung 2.8 b) verdeutlicht durch die deformierte freie Rohrkante des Flyers, dass der weichere Werkstoff mit der geringeren Dichte eine stärkere Deformation erfährt als der härtere, innenliegende Fügepartner. Auf der Mikroebene wirkt sich der Eintrag an kinetischer Energie in Form von stark deformierten Körnern aus (Acarer et al. 2003). In Abhängigkeit der plastischen Deformationen und der Temperaturbedingungen in der Fügezone können verschiedene Eigenspannungszustände entstehen (Carpenter und Wittmann 1975). Des Weiteren können ausreichend große Impaktgeschwindigkeiten Stoßwellen in den Fügepartnern induzieren, welche unerwünschte Spallationseffekte sowohl in den Grundwerkstoffen als auch in der Fügezone hervorrufen (Zhang et al. 2013).

Wellenbildung

Beim Kollisionsschweißen tritt häufig eine wellenförmige Fügezone auf, siehe Abbildung 2.8 c). Zu deren Entstehung existieren wie in Kapitel 2.3 beschrieben verschiedene Theorien. Ihr Erscheinungsbild hängt stark von den hydrodynamischen Kollisionsbedingungen und Werkstoffeigenschaften ab. So prägen sich die Wellen bei Werkstoffkombinationen mit ähnlichen Festigkeitseigenschaften und Dichten der beiden Fügepartner symmetrisch aus. Bei stark unterschiedlichen Werkstoffeigenschaften hingegen erfolgt eine asymmetrische Formation mit abgeschlossenen Bereichen entlang der wellenförmigen Grenze, in denen sich die Werkstoffe mehr oder weniger stark vermischen. Beim Explosivschweißen führen der größere Energieeintrag und die größere Plattendicke im Vergleich zum Magnetpulsschweißen dazu, dass sich die Wellen im Querschliff sogar mit bloßem Auge beobachten lassen (Zhang et al. 2010a). Obwohl die mechanische Verklammerung von Zhang (2010) positiv in Bezug auf die Verbindungsfestigkeiten bewertet wird, stellt die Wellenbildung kein notwendiges Schweißkriterium dar (Göbel et al. 2010). Untersuchungen zum Ermüdungsverhalten haben sogar gezeigt, dass eine flache Grenzzone höhere zyklische Festigkeiten ermöglicht, weil die durchmischten Bereiche fehlen, die unter Umständen Ausgangspunkte für ein Risswachstum darstellen (Karolczuk et al. 2013).

Gefügestruktur

Die Merkmale der Gefügestruktur lassen sich gemäß Abbildung 2.9 nach Song et al. in Abhängigkeit der verwendeten Vergrößerung in vier verschiedene Kategorien einteilen (2011):

a) Auf der Makroebene führt der Eintrag an kinetischer Energie zur plastischen Deformation der Kornstruktur. Mit zunehmender Annäherung zur Grenzfläche steigt der Umformgrad und längliche Körner treten vermehrt auf. Bei Werkstoffen mit geringer Wärmeleitfähigkeit und hoher adiabatischer Schersensitivität, wie z.B. Titan, führen die hohen Umformgeschwindigkeiten zum Ausbilden von adiabatischen Scherbändern.

b) Die Betrachtung auf der Mesoebene lässt meistens eine ausgeprägte Wellenbildung erkennen.

c) Mikroskopisch betrachtet treten in der Nähe der Wellenwendepunkte Bereiche mit intermetallischen Phasen und Mikrorissen auf. Durch den hohen Temperaturgradienten zum Grundwerkstoff kann es zu Rekristallisationserscheinungen in unmittelbarer Nähe der intermetallischen Phasenzonen kommen. Die Wärmeeinflusszone ist, verglichen mit dem deformierten Gefüge, sehr dünn.

d) Die Analyse auf der Nanoebene zeigt eine dünne Reaktionsschicht, welche aus zwei nanokristallinen Komponenten besteht. Als Bildungsmechanismen kommen beispielsweise mechanische Legierungsbildung und Festphasenreaktionen bei hohem Druck, lokaler Wärme und anschließendem raschen Abkühlen in Frage.

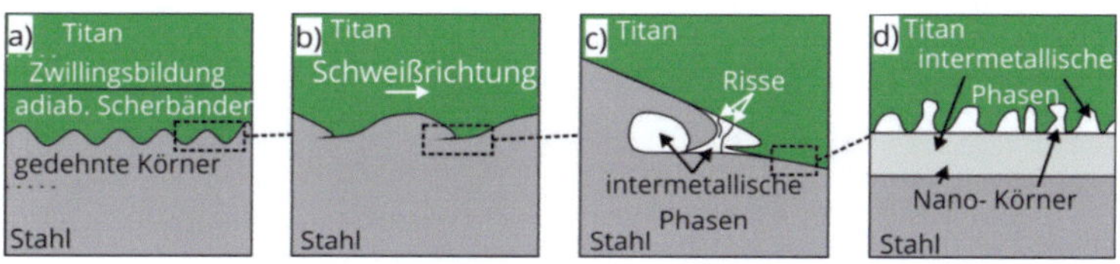

Abbildung 2.9: Schematische Explosivschweißverbindung zwischen Titan und Stahl auf der a) Makroebene, b) Mesoebene, c) Mikroebene und d) Nanoebene in Anlehnung an Song et al. (2011)

Es scheint, dass die Punkte a) bis c) lediglich Begleiterscheinungen der Hochgeschwindigkeitskollision darstellen, während die Reaktionsschicht eine zentrale Rolle für die stoffschlüssige Verbindung spielt. Dies motivierte auch andere Forschungsgruppen zu tiefer gehenden Untersuchungen, wobei sich die Probenpräparation schwierig gestaltet und die Analysemethoden hinsichtlich ihres Auflösungsvermögen an ihre Grenzen stoßen. Dennoch herrscht weitgehend Einigkeit darüber, dass sich in der Reaktionszone amorphe Strukturen ausbilden können (Karolczuk et al. 2013). Der große Gradient zwischen der Reaktionszone und den

Grundwerkstoffen bzw. Bereichen mit intermetallischer Phasenbildung deutet darauf hin, dass innerhalb der kurzen Prozesszeiten von wenigen Mikrosekunden statt einer Festphasendiffusion eher eine Form des Schmelzschweißens zum Stoffschluss führt (Böhme et al. 2019). Dabei bestimmen der thermische und kinetische Energieeintrag über die Menge an angeschmolzenem Werkstoff, über den Ablauf der hydrodynamischen Prozesse infolge der Jet- und Wellenbildung, sowie über die Durchmischung und Elementverteilung in der Fügezone (Inal et al. 1985).

Im Gegensatz zum beschriebenen Explosivschweißen können sich die Kollisionsbedingungen beim Magnetpulsschweißen innerhalb weniger Millimeter ändern, sodass insbesondere bei diesem Prozess die Gestalt der Fügezone stark von der Position der untersuchten Stelle abhängt (Marya et al. 2005). Außerdem führt der meistens geringere Eintrag an kinetischer Energie dazu, dass sich bestimmte Merkmale weniger stark ausbilden. Dennoch lassen sich auch bei diesem Verfahren die wesentlichen Effekte nachweisen. Die Aufhärtung in Fügezonennähe korreliert mit der verformungsinduzierten Werkstoffverfestigung (Kore et al. 2011). Auf der Mikro- und Nanoebene stellen die säulenförmigen Körner neben der Reaktionszone ein typisches Erstarrungsgefüge dar und deuten auf hohe Temperaturen und Temperaturgradienten während des Fügevorganges hin (Sharafiev et al. 2016). Des Weiteren treten auch beim Magnetpulsschweißen intermetallische Phasen auf, welche zwei verschiedene Ausprägungen besitzen können (Göbel et al. 2010). Entweder bilden sie einen kontinuierlichen Phasensaum im Bereich weniger Mikrometer oder die Wellenbildung verdrängt sie in einige Bereiche mit größerer Dicke, sodass auch Zonen mit einem intermetallischen Film im Nanometerbereich entstehen. Für den erstgenannten Fall sollte die Dicke des Phasensaumes durch Anpassen der Impaktenergie und des Kollisionswinkels unterhalb von 5 µm liegen, um das Risiko von parallel zur Fügefläche verlaufenden Rissen zu verkleinern (Göbel et al. 2010). Im Fall des unterbrochenen Phasensaums steigt das Risiko für senkrecht zur Fügezone verlaufende Mikrorisse (Raoelison et al. 2014), die Ausgangspunkte für ein Risswachstum bei mechanischer Beanspruchung darstellen (Cai et al. 2018).

Vermischung und Reaktion

Crossland beschrieb bereits 1982, dass die Werkstoffe der Fügepartner beim Explosivschweißen von Mischverbindungen in der Fügezone in einem bestimmten Verhältnis vorliegen (Crossland 1982, S. 205–207). Diese lassen sich jedoch nur selten den bekannten Phasen eines Gleichgewichtszustandes zuordnen. Stattdessen führen die extrem hohen Abkühlgeschwindigkeiten in der Größenordnung von 10^7 K/s zu einem Nicht-Gleichgewichts-Zustand, in dem sich metastabile Phasen und amorphe Gefügestrukturen ausbilden, sowie Elemente ineinander zwangslösen können (Bataev et al. 2017). Die Phasenbildung beim Fügen verschiedenartiger Metalle kann mit einer Wärmeentwicklung einhergehen (Marya und Marya 2004), sodass auch die Wärmeleitfähigkeit der beteiligten Werkstoffe Berücksichtigung finden muss (Faes 2011). Das genaue Einstellen der Impaktenergie sorgt dafür, dass es dadurch nicht zum Ausbilden von Fehlstellen wie Rissen oder Poren kommt (Stern et al. 2014).

Eigenschaften der Verbindungszone

Der Magnetpulsschweißprozess sorgt im Vergleich zum Schmelzschweißen für einen niedrigeren Wärmeeintrag, der sich im Wesentlichen auf die Grenzfläche beschränkt. Dadurch verkleinert sich die Wärmeeinflusszone und bei metallischen Mischverbindungen reduziert sich außerdem die Ausbildung von intermetallischen Phasen. Die geringe Breite der Fügezone von nur wenigen Mikrometern führt dazu, dass sich die Werkstoffeigenschaften nahezu sprunghaft ändern. Der intermetallische Phasensaum weist an manchen Stellen sogar nur eine Breite von wenigen Nanometern auf (Kaspar et al. 2014), was sich positiv auf die elektrische Leitfähigkeit der Verbindung auswirkt. Zusätzlich führen die beschriebenen Effekte in der Fügezone zu ausgezeichneten mechanischen Eigenschaften, sofern die Fügestelle keine Fehlstellen, wie beispielsweise Risse oder Poren beinhaltet. Die nanokristallinen Bereiche an der Grenzfläche weisen hohe Festigkeiten auf (Lee et al. 2007). In den benachbarten Bereichen können die Hochgeschwindigkeitsumformung und der Eintrag an kinetischer Energie ebenfalls zur Ver-festigung führen. Dadurch entsteht ein gasdichter Werkstoffverbund (Cai et al. 2006), der in Folge einer mechanischen Beanspruchung bei ausreichender Nahtbreite neben der Fügezone im schwächeren Grundwerkstoff versagt (Epechurin 1974). Verfahrensbedingt treten bei der Überlappverbindung Kerben am Anfang und am Ende der Schweißnaht auf, welche bei mechanischer Belastung Spannungsüberhöhungen bewirken. Außerdem erfordern sie je nach Einsatzbedingungen geeignete Maßnahmen gegen das Eindringen von korrosiven Medien (Göbel et al. 2010).

2.5 Messtechnisches Erfassen von Prozessparametern

Die geeignete Messtechnik stellt eine wesentliche Voraussetzung dar, um mit wissenschaftlichen Methoden das Prozessverständnis zu vertiefen und davon ausgehend die technologischen Bedingungen für ein erfolgreiches Verschweißen einzustellen. Abbildung 2.10 zeigt die Stellen zum Messen der wesentlichen Prozessparameter und die folgenden Absätze beschreiben die dafür bereits existierenden Messsysteme.

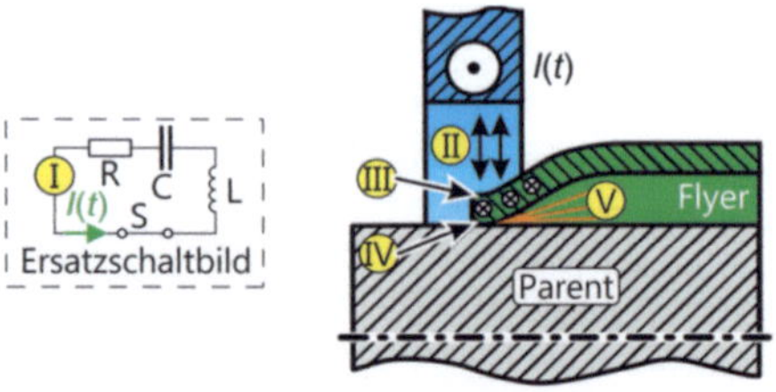

Abbildung 2.10: Schematische Übersicht der Messstellen beim MPW in Anlehnung an Bellmann et al. (2016d)

Der Stromfluss an der Stelle I in der Werkzeugspule führt zum magnetischen Druck und zum Beschleunigen des Flyer-Bauteils in Richtung des Parent-Fügepartners. Um den zeitabhängigen Spulenstrom $I(t)$ zu erfassen, kommen typischerweise Rogowski-Spulen zum Einsatz, die um die Zuleitungen zur Spule gewunden werden und die Induktionswirkung des Wechselstromes ausnutzen (Power Electronic Measurements Ltd. 2002). Ihre zeitliche Auflösung hängt von der Auswerteeinheit, beispielsweise dem Oszilloskop ab. Die Auswahl der passenden Rogowski-Spule richtet sich nach den auftretenden Maximalströmen I_{max} und Entladefrequenzen f_E.

Der zeitliche und örtliche Verlauf des magnetischen Drucks im Wirkbereich der Spule bzw. des Feldformers an der Stelle II bestimmt die Bauteilbeschleunigung und hängt nicht nur vom Spulenstrom ab, sondern auch von der geometrischen Anordnung und den Werkstoffkennwerten, siehe Kapitel 2.2. Bei den für das elektromagnetische Umformen üblichen Frequenzen eignen sich Hallsonden zum Messen der magnetischen Induktion besser als Induktionsspulen aufgrund ihres günstigeren Verhältnisses von Nutz- zu Störspannung (Dietz und Lippmann 1969). Eine Alternative stellt das Ausnutzen des magnetfeldabhängigen Widerstandes bestimmter Sensorwerkstoffe dar. Dieser magnetoresistive Effekt verändert sich jedoch je nach Umgebungstemperatur, sowie Stärke und Einwirkdauer des Magnetfeldes, was wiederrum eine Kalibrierung unter den jeweiligen Einsatzbedingungen erfordert (Zurauskiene et al. 2014).

Die beschleunigte Bewegung des Flyers an der Stelle III lässt sich mit verschiedenen Methoden visuell erfassen, sodass auch bei großen Magnetfeldern keine Störsignale wie bei Sensoren mit elektrischen Anschlüssen auftreten (Gafri et al. 2006). Der Versuchsaufbau von Engelhardt und Klose (2014) erfasst die Flyer-Geschwindigkeit an der Innenseite, basiert auf dem Prinzip der Abschattung und setzt daher die optische Zugänglichkeit einer Lichtquelle und eines gegenüberliegenden Detektors voraus. Bei der Verwendung von Hochgeschwindigkeitskameras besteht die Möglichkeit, dass die Kamera aus derselben Richtung auf das bewegte

Bauteil schaut, wie die oftmals erforderliche Zusatzbeleuchtung (Watanabe und Kumai 2009a). Deren Wellenlänge richtet sich nach dem verwendeten Bandpassfilter vor der Kamera, der das in Kapitel 2.1 erwähnte Prozessleuchten beim Magnetpulsschweißen heraus filtert und damit eine extrem detaillierte Prozessbeobachtung inklusive der auftretenden Vorgänge im Fügespalt ermöglicht (Pabst und Groche 2014). Die Anschaffungskosten für eine Hochgeschwindigkeitskamera hängen von der Bildrate und der Auflösung des Sensors bzw. der Sensoren ab. Hochgeschwindigkeitsaufnahmen beschränken sich meistens auf ebene Bauteilstrukturen (Rebensdorf und Böhm 2016), weil bei rotationssymmetrischen Bauteilen keine optische Zugänglichkeit von der Seite besteht. Um auch dort die Kollisionsbedingungen zu erfassen, hat sich die photonic Doppler velocimetry (PDV) etabliert. Sie ermöglicht das Erfassen von Oberflächengeschwindigkeiten von einigen Kilometern pro Sekunde mit hoher zeitlicher Auflösung (Strand et al. 2006) und basiert auf dem Doppler-Effekt. Bei dem Messprinzip trifft ein Laserstrahl mit bekannter Wellenlänge senkrecht auf die bewegte Bauteiloberfläche. Der reflektierte Strahl überlagert sich mit dem einfallenden Strahl und es kommt zu einer Frequenzverschiebung, welche sich proportional zur Geschwindigkeit der bewegten Bauteiloberfläche verhält. Durch Transformation vom Frequenz- in den Zeitbereich lässt sich der zeitliche Geschwindigkeitsverlauf ermitteln und davon ausgehend durch Integration auch der Weg- bzw. durch Differentiation der Beschleunigungsverlauf. Für die optische Zugänglichkeit von außen werden die Kollimatoren meistens direkt in die Werkzeugspule bzw. den Feldformer ohne Anpassung der Fügepartner eingebaut (Jäger und Tekkaya 2012), wohingegen die Beobachtung der Flyer-Innenseite eine angepasste Parent-Geometrie und ggf. Umlenkspiegel erfordert (Lueg-Althoff et al. 2016). Das PDV-System eignet sich grundsätzlich nur für die Geschwindigkeitsmessung senkrecht zum Laserstrahl, also die Erfassung der radialen Geschwindigkeitskomponente v_r. Anhand der Impaktgeschwindigkeiten $v_{i,r}$ an mehreren und axial zueinander versetzten Messpunkten lassen sich jedoch auch Mittelwerte für den Kollisionswinkel β oder die Kollisionspunktgeschwindigkeit v_c berechnen (Zhang et al. 2010b). Die größten Herausforderungen des PDV-Systems ergeben sich aus der Integration in den Wirkbereich der Werkzeugspule. Die notwendigen radialen Bohrungen erhöhen die dortigen Stromdichten, und damit verbunden die Joulesche Erwärmung sowie die Gefahr für unerwünschte Werkzeugverformungen. An der für die Prozesseinstellung relevanten Stelle des Spulenspaltes gestaltet sich die Integration der Kollimatoren aufgrund ihrer geometrischen Abmessungen und ihrer metallischen Ummantelung sehr schwierig.

Der Impaktzeitpunkt t_i an der Stelle IV lässt sich über Kontaktmessungen ermitteln, indem die Berührung der beiden leitfähigen Fügepartner einen offenen Schaltkreis schließt. Dadurch lässt sich ohne weitere Anpassung der Fügepartner der initiale Aufprallzeitpunkt bestimmen (Watanabe und Kumai 2009b). Für eine ortsaufgelöste Erfassung kommen entweder versetzte Pins zum Einsatz (Presson und Almgren 1986), Drähte (Chadwick und Jackson 1983) oder leitfähige Folien auf der Parent-Oberfläche, die aus kontaktierten Einzelsegmenten bestehen. Die fortschreitende Kollisionsfront zerstört nacheinander die Isolation der einzelnen Abschnitte und erzeugt damit elektrische Signale, die sich mit einem Oszilloskop auswerten lassen (Livshiz et al. 2002). Auf diese Weise lassen sich die für das Verschweißen entscheidenden Geschwindigkeitskomponenten $v_{i,r}$ und v_c ermitteln, auch wenn die Folie das Verschweißen der Fügepartner behindert. Die Probengeometrie bestimmt den Aufwand für die Vorbereitung und Durchführung derartiger Messungen.

Indentationstests ermöglichen das Abschätzen des Drucks p_F in der Fügezone an der Stelle IV. Dabei erfolgt eine Auswertung der Eindringtiefe entweder des Flyer-Werkstoffes in eine definierte Oberflächenstruktur des Parents (Brune et al. 2017) oder der Eindringtiefe eines vom Flyer beschleunigten Pins in einen weichen Referenzwerkstoff (Bellmann et al. 2016d). Außerdem besteht die Möglichkeit, den Fügedruck aus der mittels PDV gemessenen Verzögerung des Flyers nach dem Aufprall zu ermitteln (Lueg-Althoff et al. 2018a).

Das direkte Messen der Temperaturen in der Fügezone an der Stelle IV gestaltet sich aufgrund der großen zeitlichen und örtlichen Temperaturgradienten sehr schwierig. Für das Explosivschweißen existieren Ansätze dafür, beispielsweise mittels Thermoelementen (Mikhailov et al. 1976). Das Auswerten der Farbtemperatur ermöglicht ebenfalls eine Abschätzung der thermischen Bedingungen im Fügespalt an der Stelle V (Ishutkin et al. 1979) und eignet sich für das Magnetpulsschweißen besser als die Anwendung von Thermoelementen, bei denen das Magnetfeld Störspannungen in den elektrischen Zuleitungen der Sensoren induziert.

Die Aufzählung verdeutlicht die vielfältigen Möglichkeiten zum Erfassen der Kollisionsbedingungen und ihre Unterschiede hinsichtlich der erreichbaren Informationstiefe. Natürlich stellen die Zeitverläufe von Temperatur und Druck in der Fügezone die fundamentalen Schweißbedingungen dar, aber ihre messtechnische Erfassung gestaltet sich in der Realität sehr schwierig. Aus diesem Grund greifen Forscher oftmals auf die übergeordneten Größen zurück, die zu geeigneten Schweißbedingungen führen. Doch selbst für das Erfassen der lokalen Kollisionsbedingungen beim Magnetpulsschweißen existiert derzeit noch kein Messprinzip, das ohne zusätzliche Elemente in der Fügezone auskommt und sich einfach auswerten lässt.

2.6 Strategien für eine höhere Prozesseffizienz

Die Erfinder des Magnetpulsschweißens benennen bereits in den 1970er Jahren zahlreiche Anwendungsbeispiele für das Verfahren. Dennoch gibt es laut Yablochnikov (2006) vier Faktoren, welche die Verbreitung und Verwendung des Prozesses lange Zeit behinderten:

1. Der kumulierte Jet verschmutzt und zerstört die Isolierungen an den Werkzeugspulen.
2. Die Verbindungsfestigkeit zwischen hochfesten Aluminiumlegierungen und Stählen liegt auf einem zu niedrigen Niveau.
3. Die Hochstromschalter fallen vorzeitig aus, insbesondere bei hohen Ladeenergien.
4. Die langen Zyklenzeiten aufgrund der Ladezeiten der Kondensatoren wirken sich negativ auf die Produktivität aus.

Des Weiteren verschleißen die Werkzeugspulen und erfordern je nach verwendeter Ladeenergie und Taktzeit einen regelmäßigen Austausch (Kapil und Sharma 2015). Diese Erfahrungen führten wahrscheinlich dazu, dass selbst große Aluminiumproduzenten wie UACJ dem Rührreibschweißen eine größere Bedeutung beim Herstellen von metallischen Mischverbindungen beimessen als dem Magnetpulsschweißen (UACJ Corporation 2017). Yablochnikov schlägt jedoch auch Lösungsansätze für die genannten Probleme vor, beispielsweise das Aufbringen von Zwischenschichten, das Konturieren der Fügepartner und ein Verbessern der Hochstromschalter. Allerdings beschreibt er nur teilweise die Wirkprinzipe seiner vorgeschlagenen Maßnahmen und konstatiert ein lückenhaftes Prozessverständnis beim Magnetpulsschweißen (Yablochnikov 2006). Daneben existieren auch Ansätze zum Senken der Umformenergie, was unter der Voraussetzung einer gleichbleibenden Schweißnahtqualität zu einer höheren Prozesseffizienz führt:

- Das Erzeugen eines Kraft- oder Formschlusses findet bereits bei niedrigeren Impaktgeschwindigkeiten statt, als das Ausbilden einer stoffschlüssigen Verbindung. Bestimmte Zwischenschichten begünstigen derartige Magnetpuls-Crimp-Verbindungen (Cramer und Appel 2012), stellen jedoch damit keine klassischen Magnetpulsschweißverbindungen mehr dar.
- Eine lokale Wärmebehandlung des umzuformenden Flyer-Werkstückes senkt den Umformwiderstand und damit die benötigte Umformenergie (Benoit et al. 2000).

- Geringe Oberflächenrauigkeiten im Fügebereich begünstigen das Magnetpulsschweißen. Außerdem kann das Einbürsten einer geeigneten Chemikalie in die zu fügenden Werkstoffoberflächen deren Fließgrenzen senken, sodass sich der Jet bereits bei geringeren Impaktgeschwindigkeiten bildet (Linzell et al. 2003).

Außerdem gibt es bereits Ideen, um die Lebensdauer und Effizienz der verwendeten Umformwerkzeuge zu erhöhen:

- Hybride Werkzeugspulen aus einem Stahlgrundkörper und einer durch selektives Laserstrahlschmelzen aufgebrachten Kupferschicht erhöhen die mechanische Festigkeit des Werkzeuges. Das gezielte Einstellen der Kupferschichtdicke kann sich zugleich auch positiv auf die Prozesseffizienz auswirken (Gies und Tekkaya 2018).
- Das Konturieren des Wirkbereiches der Spule senkt die Wärmeentwicklung in den oberflächennahen Bereichen und reduziert damit das thermisch bedingte Erweichen des Spulenwerkstoffes (Avrillaud et al. 2014).
- Das aktive Kühlen des Spulenkörpers durch Luft, Wasser oder metallische Elemente senkt die Temperatur der Spulenkörper und erhöht die Prozesseffizienz und Spulenlebensdauer (Psyk et al. 2014).

Laut Psyk (2014, S. 78–79) führt in den meisten Fällen die Zerstörung der Isolation zum Versagen der Werkzeugspule, wobei das Risiko dafür bei höheren Magnetfeldstärken ansteigt. In der Literatur lassen sich jedoch nur selten konkrete Zahlenwerte zur Lebensdauer von Werkzeugspulen finden, weil einerseits im Forschungsbetrieb die Taktzeiten größer und die Pulsanzahl kleiner ausfallen als in der industriellen Produktion und andererseits die Anlagenhersteller keine „Schwachstellen" veröffentlichen. Die zitierten Quellen zur Werkzeugentwicklung und eigene Beobachtungen unterstreichen jedoch die Wichtigkeit einer hohen Werkzeugstandzeit, um die Werkzeugkosten möglichst gering zu halten und die Prozessstabilität zu gewährleisten.

2.7 Zwischenfazit zu Kapitel 2

Kollisionsschweißverfahren können einen wichtigen Beitrag zur Realisierung von Mischbaukonzepten leisten. So weisen Magnetpulsschweißverbindungen zwischen verschiedenartigen Metallen deutlich bessere Gebrauchseigenschaften auf als konventionell schmelzgeschweißte Baugruppen. Das Verfahren gilt klassischerweise als Kalt- oder Pressschweißverfahren, da sich viele Effekte in der Fügezone auf den hohen Fügedruck zurückführen lassen. Der für die eigentliche Verbindungsausbildung entscheidende Mechanismus hängt allerdings auch von den Temperaturverhältnissen an der Grenzfläche ab. Viele Forschungsgruppen vermuten diesen Einfluss, betrachten die Temperaturerhöhung in ihren Modellen jedoch als Folge des hohen Drucks nach dem Kontakt der Fügepartner. Lediglich Crossland formuliert die Hypothese, dass die Fügepartneroberflächen auch vor dem Kontakt durch den Jet anschmelzen können (Crossland 1982). Es existiert bisher jedoch kein naturwissenschaftliches Modell für Kollisionsschweißverfahren, dem diese Form des Energieeintrages zu Grunde liegt und das die Oberflächentemperaturen während des Fügevorganges beschreibt. Es scheint naheliegend, dass ein derartiges Modell den von Göbel et al. (2010) und Stern et al. (2014) geforderten präzisen Energieeintrag für eine tragfähige Fügezone vorhersagen kann. Resultierend aus den Schwierigkeiten bei der messtechnischen Erfassung wesentlicher Prozessgrößen erlaubt der derzeitige Kenntnisstand außerdem keine Korrelation zwischen den Kollisionsbedingungen, dem Wärmeeintrag und den Erstarrungszeitpunkten. Dies stellt aus der Sicht der technischen Wissenschaften jedoch eine zentrale Voraussetzung für ein erfolgreiches Anwenden des Magnetpulsschweißens dar. Insbesondere könnte dies dazu beitragen, die wenigen Ansätze für einen reduzierten Energieeintrag beim Magnetpulsschweißen in der industriellen Serienfertigung zu ergänzen, um die Lebensdauer der Werkzeugspulen zu erhöhen, sowie den Energiebedarf und die mechanische Belastung auf die Fügepartner während der Hochgeschwindigkeitskollision zu senken.

3 Zielsetzung

Die Hochgeschwindigkeitskollision zwischen zwei Metallen kann zum Verschweißen führen, wenn sowohl die Impaktgeschwindigkeit als auch der Kollisionswinkel in einem geeigneten Bereich liegen. Beim Magnetpulsschweißen wird dieser Effekt genutzt, wobei die erforderlichen Geschwindigkeiten durch das elektromagnetische Hochgeschwindigkeitsumformen eines Fügepartners erreicht werden. Dabei kommen geometrisch angepasste Werkzeugspulen zum Einsatz, die von einem gepulsten Wechselstrom durchflossen werden und einen magnetischen Druck auf diesen Fügepartner ausüben. Neben der beabsichtigten Werkstückbeschleunigung belastet dieser Druck jedoch auch den Wirkbereich der Spule. Die Kombination des impulsartig mechanischen Drucks und der hohen Stromdichten, die in dieser Zone bei jedem Fügevorgang auftreten, lässt die eingesetzten Spulenwerkstoffe allmählich verschleißen. Dies stellt ein wesentliches Problem beim industriellen Einsatz des Magnetpulsschweißens dar.

Der Verschleiß der Werkzeugspulen korreliert mit der verwendeten Ladeenergie. Um die Werkzeuglebensdauer zu erhöhen, sollte daher der Energieeinsatz bzw. die Aufprallgeschwindigkeit bis zur unteren Schweißgrenze reduziert werden. Die Mindestaufprallgeschwindigkeit lässt sich jedoch schwierig bestimmen, da sie nicht nur von der Werkstoffkombination, sondern auch vom Kollisionswinkel abhängt. Letzterer scheint den zugrunde liegenden Schweißmechanismus durch den Wärmeeintrag in der Fügezone maßgeblich zu beeinflussen. Insbesondere das messtechnische Erfassen des Kollisionswinkels ist bisher nur eingeschränkt möglich oder mit großem Aufwand verbunden.

Diese Arbeit zielt auf ein erweitertes Prozessverständnis beim Magnetpulsschweißen durch neuartige Messmethoden ab. Der Einsatz von optischer Messtechnik ermöglicht dem Anwender ein effizientes Prozesseinstellen mit minimalem Energieeinsatz für einen reduzierten Werkzeugverschleiß oder einer längeren Schweißnahtausbildung bei gleichbleibendem Energieeinsatz, sowie das Überwachen des Schweißprozesses.

Die Ziele dieser Arbeit lauten:

1. Entwickeln einer Messmethode zum Erfassen der Kollisionsbedingungen
2. Aufstellen eines temperaturbasierten Schweißmodells
3. Einstellen der Kollisionsbedingungen für ein erfolgreiches Verschweißen an der unteren Schweißgrenze in Bezug auf den Energieeinsatz bzw. den maximalen Spulenstrom

Zum Erreichen dieser Ziele kommt ein Versuchsaufbau zum Einsatz, bei dem das Verschweißen eines Aluminiumrohres mit einem innenliegenden Stahlzylinder erfolgt. Die Erkenntnisse, die anhand dieser rotationssymmetrischen Baugruppe erarbeitet werden, gelten auch für das Fügen von Blechstrukturen. Dies spielt beispielsweise beim Bau hybrider Karosserien eine wichtige Rolle. Kapitel 4 beschreibt sowohl den Versuchsaufbau, als auch die Kenngrößen zum Bewerten des Schweißvorgangs und –ergebnisses. Anschließend erfolgt in Kapitel 5 das Vorstellen einer neuartigen Methode, die das experimentelle Erfassen der Kollisionsbedingungen anhand des auftretenden Blitzes in Umgebungsatmosphäre ermöglicht. Dasselbe Kapitel beschreibt auch die numerische Modellierung dieser Bedingungen. Das Magnetpulsschweißen im Vakuum erlaubt schließlich eine verbesserte Prozessbeobachtung im Hinblick auf die entstehende Partikelwolke und wird in Kapitel 6 thematisiert. Die Erkenntnisse fließen in das temperaturbasierte Schweißmodell in Kapitel 7 ein, das auf der Wärmezufuhr in die Oberflächen der Fügepartner durch die heiße Partikelwolke und das rasche Abkühlen nach der Kollision beruht. Diese grundlegenden Ergebnisse werden in Kapitel 8 sowohl anhand verschiedener Entladefrequenzen der Pulsgeneratoren als auch an verschiedenen Flyer-Wandstärken bestätigt. Es folgt eine Anleitung zum experimentellen Bestimmen der unteren Prozessgrenze und geeigneter Kollisionsbedingungen mit einer minimalen Versuchsanzahl, sowie das Untersuchen der Prozessrobustheit. Kapitel 9 thematisiert den Einsatz reaktiver Zwischenschichten als eine weitere Möglichkeit zur Energiereduzierung.

4 Versuchsaufbau und Bewerten des Schweißvorgangs

4.1 Versuchsaufbau

Das Magnetpulsschweißen eignet sich zum Herstellen von metallischen Mischverbindungen in Überlappkonfiguration zwischen Bauteilen verschiedener Geometrien, beispielsweise Blechen oder Rohren. Die Werkzeugspule zum Erzeugen des magnetischen Drucks muss zur Form des Segments des Flyer-Bauteils passen, das beschleunigt und schließlich mit dem zweiten Fügepartner verschweißt wird. Die Schweißversuche in dieser Arbeit werden an rotationssymmetrischen Baugruppen durchgeführt, wobei entsprechende Rundspulen bzw. Feldformer mit kreisrunder Öffnung zur elektromagnetischen Rohrkompression zum Einsatz kommen. Eine derartige Anordnung erfordert zwar die Überwindung der Tangentialspannungen in der Rohrwand während der Rohrkompression, vereinfacht jedoch das Abstützen des Wirkbereichs der Spule im Vergleich zu Flachspulen für Blechschweißversuche. Außerdem beschreiben Lysenko et al. in ihrem Patent (1970) zahlreiche Beispiele dieser Verfahrensvariante und Bauer schätzt die Bedeutung ebenfalls größer ein als die der Rohrexpansion oder Blechumformung (1980). Allerdings erleben auch Flachspulen eine Renaissance, seitdem im Automobilbereich das Fügen verschiedenartiger Metalle zunehmend an Bedeutung gewinnt (Beerwald 2004).

Der Versuchsaufbau setzt sich aus den beiden rotationssymmetrischen Fügepartnern, der Werkzeugspule und dem Pulsgenerator zusammen, siehe Abbildung 4.1. Das Aluminiumrohr besteht aus der Legierung EN AW-6060 und ist zentrisch zur Spulenbohrung positioniert. Es befindet sich über die sogenannte Wirklänge l_w im Wirkbereich der Spule. Innerhalb dieser Zone baut sich während des Prozesses der magnetische Druck p_{mag} auf, der die freie Rohrkante über den gesamten Umfang komprimiert. Nach Überwindung des Fügespaltes g trifft das beschleunigte „Flyer"-Bauteil auf den ruhenden Fügepartner aus Stahl (C45) mit der Bezeichnung „Parent". Tabelle A.1 beinhaltet die chemischen Werkstoffzusammensetzungen und Tabelle A.2 ausgewählte mechanische Eigenschaften der Werkstoffe beider Fügepartner. Vor dem Fügeversuch erfolgt das Reinigen der Bauteiloberflächen mit Ethanol, um Verschmutzungen und Öle aus vorhergehenden Fertigungsprozessen zu entfernen. Zum Messen des Spulenstroms $I(t)$ kommt die Rogowski Spule CWT 3000 B von Power Electronic Measurements Ltd. zum Einsatz. Gleichzeitig erfasst ein selbst entwickeltes patentiertes Blitzmessgerät die zeitabhängigen Lichtintensitäten an bis zu vier Messstellen entlang des Rohrinnendurchmessers bei 0° am Spulenspalt, 90°, 180° und 270° und wandelt sie jeweils in ein Spannungssignal um, siehe Abbildung 4.1 (Bellmann 2016).

Dafür befindet sich an jedem Messpunkt das Ende eines Lichtwellenleiters (LWL) mit einem Abstand von ca. 30 mm hinter der Schweißzone. Die Entfernung dieses Kollimators ermöglicht eine ausreichende Ortsauflösung des Prozessleuchtens, wobei keine Gefahr des Einquetschens zwischen den Fügepartnern besteht. Der LWL der Firma Telegärtner Gerätebau GmbH besteht aus einer ummantelten polymeroptischen Faser mit einem Kerndurchmesser von einem Millimeter und besitzt eine Länge von 4 m (ICS24 & Service GmbH 2013). Bei dem Schweißprozess entweicht eine heiße Partikelwolke mit extrem hoher Geschwindigkeit aus dem Fügespalt, die sich auf den Spitzen der LWL niederschlägt, deren Lichtdurchlässigkeit beeinträchtigt bzw. Werkstoffe wie Glas zerspringen lässt. Das Aufbringen einer ca. 0,5 mm dicken Schicht aus transparentem Schmelzklebstoff auf den Spitzen der LWL bewirkt einen guten Schutz und ermöglicht eine gute Übertragung des emittierten Prozessleuchtens zu einem lichtempfindlichen Fototransistor (SDP8405, Honeywell) am anderen Ende des LWLs. Der Fototransistor befindet sich in Reihenschaltung mit einer Batterie (9 V) und einem Widerstand (220 Ω). Der initiale Anstieg des Entladestroms triggert ein Oszilloskop, das die Spannungen über den Widerständen dieses einfachen optisch-elektrischen Wandlers an den verschiedenen Messstellen erfasst und über der Zeit aufzeichnet. Der maximale Spannungswert über dem Widerstand beträgt 9 V, wenn eine extrem große Lichtintensität auf den Fototransistor einwirkt und seinen Widerstand gegen Null gehen lässt.

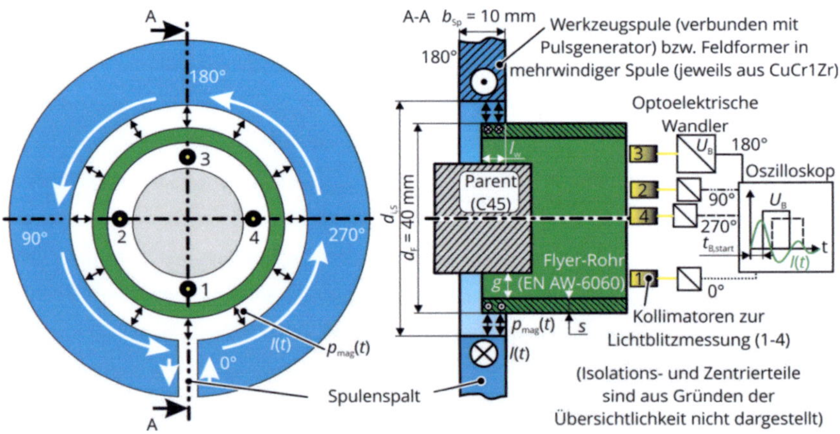

Abbildung 4.1: Schematische Darstellung des Versuchsaufbaus

Die Entladefrequenz des Schwingkreises beeinflusst das Umformverhalten des Flyers und die kinetischen Größen bei der Kollision auf der Parent-Oberfläche (Lueg-Althoff et al. 2018a). Das Durchführen der Schweißversuche mit den zwei verschiedenen Pulsanordnungen in Tabelle 4.1 ermöglicht es, den Frequenzeinfluss gezielt zu untersuchen.

An die Anlage MPW50/25 der Firma Bmax ist eine direkt wirkende einwindige Kompaktspule über einen vorgeschalteten Transformator angeschlossen. Mit dem elektromagnetischen Generator „EmGen" wird eine fünfwindige Spule verbunden, in deren Mitte sich ein Feldformer befindet. Die Wirkbereiche des Feldformers und der Kompaktspule weisen identische geometrische Formen auf, siehe Anhang D.

Tabelle 4.1: Anlagenvergleich Bmax und EmGen

	Einheit	Bmax (MPW50/25)	EmGen
Kapazität C	µF	160	140
Maximale Ladeenergie E_{max}	kJ	32	40
Entladefrequenz[1] f_E	kHz	~ 21	~ 9
Induktivität[1] L	nH	372	3700
Dämpfungskoeffizient[1] y	1/s	16500	2700
Spulenausführung[2]	-	Einwindige Kompaktspule mit vorgeschaltetem Transformator (3:1)[3]	5 Windungen mit eingesetztem Feldformer
Innendurchmesser von Spule bzw. Feldformer $d_{i,S}$	mm	41	41

[1] Gesamtschwingkreis mit Bauteilen
[2] Zeichnungen im Anhang D
[3] Erklärung bei Psyk et al. (2014, S. 76)

4.2 Bewerten des Energieeinsatzes

Das Magnetpulsschweißen beruht auf der lokalen elektromagnetischen Beschleunigung des Flyers und der anschließenden Kollision mit dem Parent. Während des Prozesses findet unter anderem die Umwandlung von elektrischer in mechanische Energie mit folgenden Zwischenschritten statt:

1. Die Werkzeugspule wandelt die in den Kondensatoren des Pulsgenerators gespeicherte elektrische Energie unter anderem in magnetische Feldenergie um.
2. Das Magnetfeld der Spule induziert sekundäre Wirbelströme $I_W(t)$ an der spulenzugewandten Werkstückoberfläche des Flyers.
3. Auf den stromdurchflossenen Flyer wirken im Magnetfeld Lorentzkräfte, die schließlich zur Erhöhung der kinetischen Energie des Flyers führen.

Die spezifischen elektrischen Widerstände von Spule und Flyer bewirken aufgrund des Jouleschen Effektes die Umwandlung von elektrischer in thermische Energie. Diese Wärmeenergie leistet keinen Beitrag zum Schweißeffekt, da sie bei üblichen Bauteilwandstärken innerhalb der Prozesszeit von wenigen Mikrosekunden nicht bis zur Fügezone vordringt. Ausgehend von den aufgeführten Prozessschritten lassen sich zur Beurteilung des Energieeinsatzes unter anderem die charakteristischen Größen in Tabelle 4.2 anwenden.

Tabelle 4.2: Charakteristische Größen zum Beurteilen des Energieeinsatzes bei einwindigen Kompaktspulen

Zielgröße	Wichtige Einflussgrößen	Messmittel und -größe
Ladeenergie E in kJ als Gesamtenergieeinsatz	Kondensatorkapazität C und Ladespannung U	Spannungsmessgerät für Kondensatorladespannung U
Werkzeugbelastung in Kapitel 8 und 9	Ersatzwiderstand R, Ersatzinduktivität L, Kondensatorkapazität C des Schwingkreises, Ladeenergie E	Rogowski Spule für Verlauf des Spulenstroms $I(t)$
Werkstückbelastung und Schweißeffekt in Kapitel 0 bis 7	Spulenstrom $I(t)$, Geometrische Anordnung der Fügeanordnung, Werkstoffkennwerte	PDV und Blitzmessgerät für radiale Impaktgeschwindigkeit $v_{i,r}$

Tabelle 4.2 verdeutlicht, dass es zum alleinigen Bewerten der Effizienz ausreichen würde, die radiale Impaktgeschwindigkeit als Vergleichskriterium zu benutzen. Demnach wäre jener Versuchsaufbau als energieeffizienter einzustufen, bei dem $v_{i,r}$ näher an der unteren Schweißgrenze liegt. Diese Betrachtung auf Werkstückebene eignet sich für den ersten Teil dieser Arbeit, bei dem die Entwicklung des Schweißmodells im Vordergrund steht, siehe Kapitel 5 bis 7. Die zahlreichen Einflussfaktoren auf die Impaktgeschwindigkeit können allerdings zu der Situation führen, dass das Erreichen einer bestimmten Aufprallgeschwindigkeit je nach verwendetem Pulsgenerator unterschiedlich viel Ladeenergie erfordert. Dies wirkt sich meistens auch auf den maximalen Spulenstrom aus, der als wichtiges Maß für die mechanische und thermische Werkzeugbelastung dient. Er lässt sich vergleichsweise einfach messen und wird im zweiten Teil der Arbeit beim Vergleich von Schweißexperimenten angewendet, wo dieselbe Pulsanordnung zur Anwendung kommt, siehe Kapitel 8 und 9.

4.3 Bewerten des Schweißergebnisses

Der beschriebene Versuchsaufbau zielt darauf ab, eine stoffschlüssige Überlappverbindung zwischen den beiden Fügepartnern zu erzeugen. Je nach Aufprallenergie des Flyers führt die Hochgeschwindigkeitskollision jedoch zusätzlich zu einer Kompression des Innenteils, verbunden mit der elastischen oder elastisch-plastischen Stauchung desselben und damit einem Kraftschluss in Form einer Pressverbindung zwischen beiden Fügepartnern. Durch das axiale Auftrennen des gefügten Flyer-Rohrs im sogenannten Sägetest werden nicht verschweißte

Bereiche gemäß DIN EN ISO 6520-2 (2013) sichtbar. Die prozessinduzierten Eigenspannungen führen zu einer Rückfederung und somit zum Ablösen von nicht verschweißten Bereichen. Die unterschiedlichen Kollisionsbedingungen über den Probenumfang bewirken eine inhomogene Schweißnahtausbildung. Aus diesem Grund empfiehlt sich das axiale Einsägen des Flyer-Rohres an verschiedenen Stellen entlang des Umfangs und insbesondere im Flyer-Rohrsegment des Spulenspalts, um die lokale Schweißnahtausbildung in weiteren Tests zu untersuchen (Bellmann et al. 2016d).

Beim Schältest erfolgt eine Zugbelastung von ca. 5 mm breiten Flyer-Streifen senkrecht zur Parent-Oberfläche, gemäß Lueg-Althoff et al. (2016) und dargestellt in Abbildung 4.2 a).

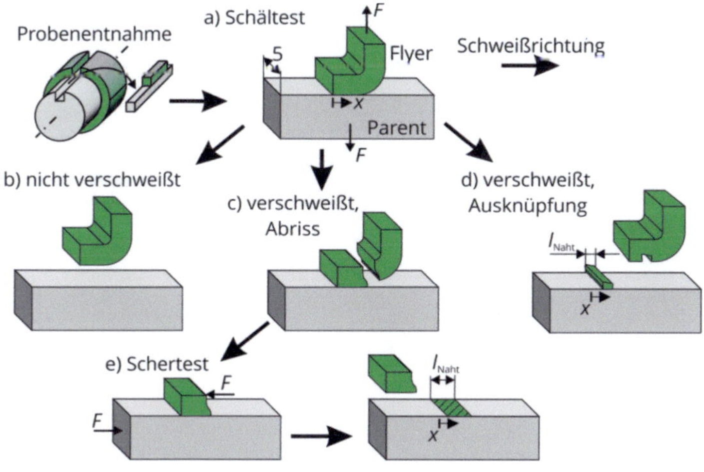

Abbildung 4.2: Ablauf zum Ermitteln der Schweißnahtqualität, -lage und -länge

Bei erfolgreich verschweißten Proben liegt die Schweißnahtfestigkeit über der Festigkeit des Grundwerkstoffes und das Versagen tritt im Grundwerkstoff Aluminium auf, siehe c) und d). Im Gegensatz zu nicht verschweißten Proben (b) gemäß DIN EN ISO 6520-2 (2013) befinden sich nach dem Schältest Aluminiumreste auf der Parent-Oberfläche.

Falls der Streifen bis zur Vorderkante des Flyer-Segments abgeschält werden kann und dabei nicht in Wandstärkenrichtung reißt (d), schließt sich die Bestimmung der Nahtlänge gemäß DVS 2902-3 (2016) an. Andernfalls entfernt ein Scherkörper den Großteil des überstehenden Flyer-Werkstoffes (e) und ermöglicht das Bestimmen der Schweißnahtlänge und –lage. Abbildung 4.2 e) zeigt den Schertest (Bellmann et al. 2016a), der bei bekannter maximaler Scherkraft auch ein Abschätzen der Schweißnahtfestigkeit unter Scherbelastung ermöglicht.

An die makroskopische Schweißnahtbeurteilung durch die zerstörende Prüfung schließt sich die mikroskopische Untersuchung der Schweißzone an. Diese wird meistens an ungeprüften Fügeverbindungen durchgeführt und liefert wertvolle Hinweise zur Schweißnahtausbildung und den physikalischen Eigenschaften der Verbindung. Abbildung 4.3 zeigt eine mögliche Position zum Erstellen eines Querschliffes an der gefügten Probe.

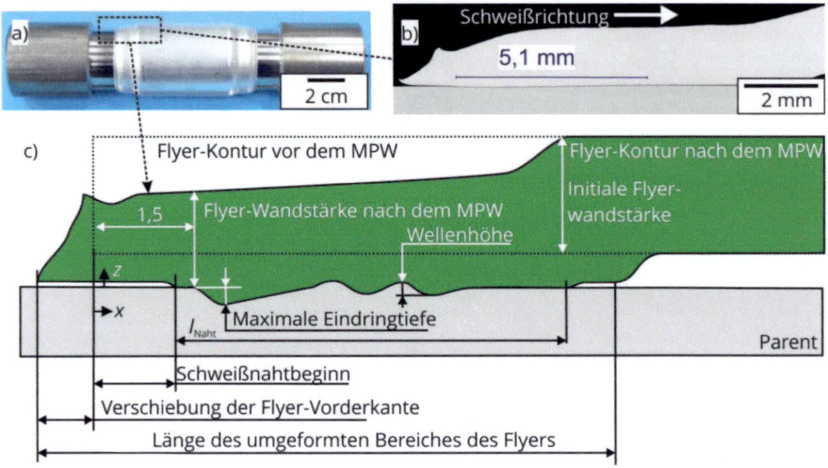

Abbildung 4.3: a) Gefügte Probe mit b) Fügezone im Querschliff und c) schematischem Querschnitt und charakteristischen Werten

Dazu erfolgt das Einbetten der Probe in Epoxidharz und das schrittweise Schleifen und Polieren der Oberfläche. Die abschließende Politur wird mit einer Suspension aus 0,05 µm großen Al_2O_3- oder SiO_2-Partikeln durchgeführt. Metallografische Analysen ermöglichen präzise Aussagen zur Schweißnahtlänge und –lage, Flyer- und Parent-Deformation, Wellenausbildung innerhalb der Fügezone, sowie zur Nahtcharakteristik in Dickenrichtung und entlang der Abrollbewegung des Flyers. Mittels Rasterelektronenmikroskopie lassen sich Rückstreu- und Sekundärelektronenbilder aufnehmen und die energiedispersive Röntgenspektroskopie (EDS) ermöglicht weiterführende metallurgische Analysen, um beispielsweise die Verteilung der chemischen Elemente in der Fügezone zu bestimmen (Song et al. 2011).

Das Aufbringen einer Eloxalschicht auf die Oberfläche des Flyers vor dem Fügeversuch erfordert zwar einen höheren Energieeintrag für ein erfolgreiches Verschweißen, ermöglicht aber die Nachverfolgung des Werkstoffflusses und somit ein größeres Prozessverständnis des Magnetpulsschweißens, da die Eloxalpartikel einen guten Kontrast zu den Metallen bieten (Bellmann et al. 2019e).

Je nach Anwendungsfall können noch weitere Eigenschaften der Fügeverbindung von Interesse sein. Bei elektrischen Kontaktierungen besteht beispielsweise die Anforderung eines geringen Übergangswiderstandes, bei Rohrleitungs- oder Behälterstrukturen das Kriterium der Dichtheit. Kraftübertragende Verbindungsstellen müssen eine ausreichende Festigkeit aufweisen. Diese Arbeit widmet sich achsensymmetrischen Baugruppen aus Stahl und Aluminium, die sich für hybride Wellen im Bereich des Antriebsstranges von Fahrzeugen zum Übertragen von Torsionsmomenten eignen (Bmax 2016). Bei dieser möglichen Anwendung treten sowohl statische als auch zyklische Schubspannungen in der Verbindung auf. Aus diesem Grund dient der Torsionsversuch als anwendungsnaher Test zum Ermitteln der Verbindungsfestigkeiten (Bellmann et al. 2017b), währenddessen sich bei Blechverbindungen eher ein Scher-Zug-Versuch anbietet (Bellmann et al. 2016d).

4.4 Zwischenfazit zu Kapitel 4

Der Versuchsaufbau ermöglicht das Magnetpulsschweißen von Aluminiumrohren und Stahlzylindern zum Herstellen von achsensymmetrischen Baugruppen für den exemplarischen Anwendungsfall hybrider Antriebswellen. In den Kapiteln 5 bis 7 dient die gemessene Impaktgeschwindigkeit des Flyers als Bewertungskriterium des Energieeinsatzes, da dort das Untersuchen des Verschweißmechanismus durch die Hochgeschwindigkeitskollision im Vordergrund steht. Im zweiten Teil der Arbeit in den Kapiteln 8 und 9 bildet der gemessene Maximalwert des Spulenstromes die Vergleichsgröße zum Beurteilen des Energieeinsatzes. Er beeinflusst maßgeblich die mechanische und thermische Spulenbelastung und damit die Lebensdauer der Werkzeuge in der industriellen Fertigung. Bei den Versuchen erfasst ein neuartiges Messsystem die zeitabhängige Lichtintensität an bis zu vier verschiedenen Stellen entlang des Rohrumfanges. Dies ermöglicht sowohl ein Abschätzen der jeweiligen Impaktgeschwindigkeit als auch den Vergleich der Kollisionsbedingungen zwischen zwei Magnetpulsanlagen mit verschiedenen Entladefrequenzen. Die Prüfung des Schweißergebnisses erfolgt zerstörend durch Schäl- und Schertests an Streifenproben, sowie an exemplarischen Probekörpern in statischen und zyklischen Torsionsversuchen mit dem Anwendungsbezug zu Antriebswellen. Metallografische und metallurgische Analysen dienen zur präzisen Charakterisierung der Schweißnaht und tragen zu einem verbesserten Prozessverständnis bei.

5 Erfassen der kinetischen Kollisionsparameter

5.1 Entwickeln eines Messsystems zum Erfassen des Impaktblitzes

Die starken Magnetfelder beim Magnetpulsschweißen induzieren nicht nur Wirbelströme im Flyer, sondern auch in anderen elektrischen Leitern in der Umgebung, beispielsweise Messleitungen. Zum Erfassen der Kollisionsbedingungen beim Magnetpulsschweißen bieten optische Messmethoden daher Vorteile gegenüber elektrischen Varianten, da Abschirmungen gegen das Magnetfeld entfallen. Die üblicherweise verwendeten Systeme aus dem Kapitel 2.5 basieren entweder auf dem Photon-Doppler-Effekt, Hochgeschwindigkeitsaufnahmen oder Abschattungsmessungen. Sie weisen zum Teil hohe Gerätekosten auf, sind aufwändig auszuwerten, nicht an allen Stellen der Bauteile anwendbar und erfordern angepasste Werkzeugspulen. Außerdem muss das Prozessleuchten teilweise mit optischen Filtern ausgeblendet werden, um die Bauteilbewegungen während der elektromagnetischen Beschleunigung und der Kollision zu erfassen. In anderen Wissenschaftsbereichen, wie z.B. der Weltraumforschung, hilft der Kollisions- oder Impaktblitz schon seit längerer Zeit beim Ermitteln von Kollisionsgeschwindigkeiten von kollidierenden Massen. Beispielsweise konnte Eichhorn bei Hochgeschwindigkeits-Impaktexperimenten von Mikropartikeln aus Eisen, Aluminium, Kohlenstoff und Wolfram eine Korrelation der Partikelmasse und -geschwindigkeit mit der maximalen Lichtintensität und dem Zeitintegral der Lichtintensität nachweisen (Eichhorn 1976). Er untersuchte auch das herausgeschleuderte Material mittels Spektrometer und stellte Temperaturen im Bereich von 2.500 K bis 5.000 K fest. Jean und Rollins maßen ebenfalls die emittierte Strahlung und unterteilten den Hochgeschwindigkeits-Impaktblitz in zwei Phasen. Demnach tritt zuerst ein Puls im Submikrosekundenbereich auf, der die Strahlung eines hochdichten, stark ionisierten Gases darstellt. Nach der Lichtemission des Plasmas folgt ein langsam ansteigender, lang anhaltender Lichtpuls, der aus der Expansion des Jets resultiert (Jean und Rollins 1970). Auluck et al. nutzten diesen Teil des Hochgeschwindigkeits-Impaktblitzes aus, um den Jetting-Effekt und sein Ausbreiten an verschiedenen Stellen zu untersuchen (Auluck et al. 2003). Im Rahmen dieser Arbeit entstand ein patentiertes Messverfahren und eine Vorrichtung zum Erfassen und Auswerten des Prozessleuchtens[1] bei Kollisionsschweißverfahren (Bellmann 2016). Es ermöglicht das Bestimmen der Kollisionsbedingungen, das gezielte Einstellen der Flyerkinetik und besitzt das Potential zur Qualitätssicherung während des Schweißprozesses. Mit dem in Kapitel 4.1 beschriebenen Aufbau lassen

[1] Die Begriffe „Prozessleuchten“ und „Lichtblitz“ werden in dieser Arbeit synonym verwendet.

sich Strom- und Blitzverläufe wie in Abbildung 5.1 aufzeichnen und folgende drei charakteristische Werte der zeitabhängigen Lichtemission an jedem Messpunkt bestimmen:

1. Die Startzeit $t_{B,Start}$ zwischen dem Beginn des Stromanstieges in der Werkzeugspule und dem Anstieg der Lichtintensität infolge der Kollision von Flyer und Parent
2. Die Blitzdauer t_B während der das Spannungsäquivalent zur Lichtemission über 4 V liegt[2]
3. Das Spannungsäquivalent zur maximalen Blitzintensität $U_{B,max}$

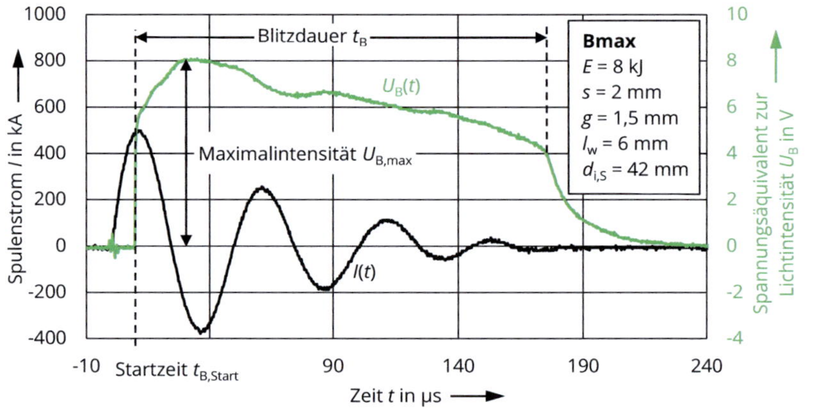

Abbildung 5.1: Stromverlauf und typischer Blitzverlauf an einem Messpunkt mit charakteristischen Größen in Anlehnung an Bellmann et al. (2016c)

Durch Modifikation des Versuchsaufbaus und vereinfachende Annahmen ergeben sich beim Auswerten des Impaktblitzes neue Möglichkeiten zur Prozessanalyse beim Magnetpulsschweißen:

- Bestimmen des Impaktzeitpunktes t_i und Abschätzen der radialen Impaktgeschwindigkeit $v_{i,r}$, siehe Kapitel 5.3
- Bestimmen der Schweißfrontgeschwindigkeit v_c, siehe Kapitel 5.4
- Einstellen eines Fügeprozesses bei vorgegebener Entladefrequenz f_E, Flyer-Werkstoff und –wandstärke s, siehe Kapitel 8.3

[2] Resultierend aus dem steilen Abfall der Lichtintensität bei 4 V in dem konkreten Messaufbau

Ein derartiges Messsystem mit mindestens zwei Kanälen detektiert im beschriebenen Versuchsaufbau Lageabweichungen zwischen den Fügepartnern und die Auswirkungen von Magnetfeldinhomogenitäten, beispielsweise am Spulenspalt. In beiden Fällen würden unterschiedliche Startzeiten $t_{B,Start}$ an den einzelnen Messstellen auftreten. Herkömmliche Messsysteme können die radiale Flyergeschwindigkeit an dieser schwer zugänglichen Position meistens nicht erfassen. Aufgrund des niedrigeren magnetischen Drucks muss diese Region aber insbesondere bei hohen Dichtigkeitsanforderungen unbedingt überwacht und der Fügeprozess dementsprechend eingestellt werden.

Experimente mit variierter Kollisionslänge l_k durch Absätze in den Parent-Teilen mit 0,5 mm bis 8 mm Abstand zur initialen Flyer-Rohrkante ermöglichen das gezielte Untersuchen der Entstehung des Lichtblitzes und leisten damit einen Beitrag zur Modellbildung des Kollisionsschweißens. Abbildung 5.2 a) stellt die Verläufe der Lichtintensitäten dar. Bei der kleinsten Kollisionslänge mit l_K = 0,5 mm startet der Blitz bei 17 µs und erreicht seine Maximalintensität von 5 V nach ca. 1 µs. Eine Erhöhung der Kollisionslänge auf 1 mm erzeugt ein sehr schwaches Leuchten bei ca. 13 µs, das sich jedoch nach 5 µs über einen Zeitraum von weiteren 10 µs bis auf 5 V verstärkt. Die Erhöhung der Kollisionslänge auf 1,5 mm führt schließlich zu einem plötzlichen und starken Anstieg der Lichtintensität bereits zwischen 11 µs und 12 µs. Von l_K = 3 mm bis l_K = 8 mm treten keine signifikanten Änderungen der Startzeit und Maximalintensität mehr auf, weshalb Abbildung 5.2 a) aus Gründen der Übersichtlichkeit nur die Kurve für l_K = 3 mm zeigt. Die Blitzdauern t_B liegen für alle Kollisionslängen im Bereich von 100 µs bis 200 µs. Aus den Beobachtungen lässt sich schlussfolgern, dass sich der Lichtblitz infolge der Hochgeschwindigkeitskollision innerhalb der ersten 1,5 mm ausbildet. Bei einer absichtlich verkürzten Kollisionslänge von 0,5 mm trifft die vordere Flyer-Kante nicht wie geplant den äußeren Absatz am Parent-Teil, sondern einige Zeit später den inneren (d). Dies erklärt den verzögerten, aber dennoch sehr hellen Impaktblitz. Die Kollisionslänge von 1 mm erzeugt nur einen sehr schwachen Lichtblitz kurz nach dem Aufprallzeitpunkt der für den Vergleich herangezogenen Kollisionslängen $l_K \geq 3$ mm. Die Flyer-Kante trifft auch in diesem Fall den äußeren Absatz nicht ausreichend bzw. wird an ihm abgeschert (c), sodass die spätere stärkere Lichtemission ebenfalls aus der Kollision mit dem inneren Absatz resultiert (d). Den geometrischen Randbedingungen des Versuchsaufbaus geschuldet, lässt sich der Entstehungsort des Impaktblitzes nicht genauer definieren. Das schwache Leuchten bei der Kollisionslänge l_K = 1 mm deutet aber darauf hin, dass dort bereits eine Lichtemission auftritt, die bis l_K = 1,5 mm noch deutlich verstärkt wird. Diese Beobachtung deckt sich mit der Erkenntnis aus den Fügeexperimenten, bei denen ein Verschweißen auch erst nach ca. einem Millimeter stattfindet.

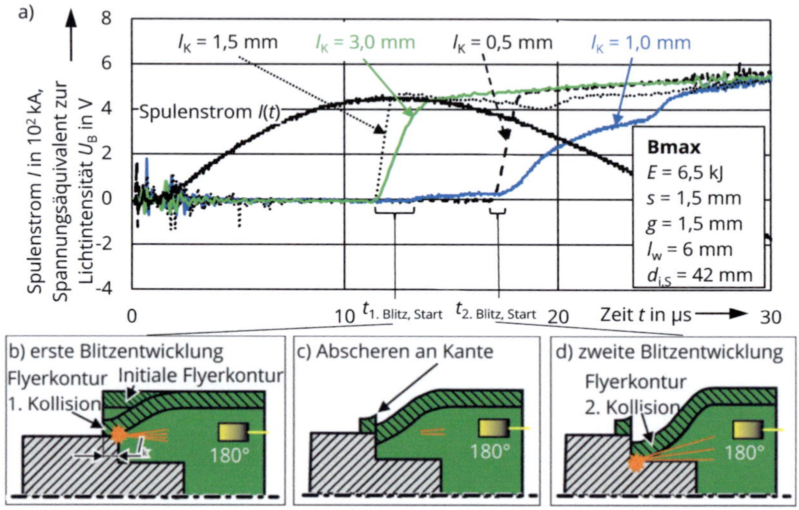

Abbildung 5.2: **a) Vergleich der Lichtintensitäten für Kollisionslängen l_K von 0,5 mm, 1,0 mm, 1,5 mm und 3,0 mm, Flyerkonturen b) bei der ersten Kollision, c) beim Abscheren durch die Parent-Kante und d) bei der zweiten Kollision in Anlehnung an Bellmann et al. (2017a)**

5.2 Numerisches Modell zum Bestimmen der Kollisionsparameter

Das numerische Modell bildet den Prozess des elektromagnetischen Umformens und der folgenden Bauteilkollision ab. Dadurch lassen sich die Kollisionsparameter bestimmen und mit den experimentell ermittelten Werten vergleichen, siehe Kapitel 5.4, 6.1 und 8.2. Die kommerzielle Software LS-Dyna beinhaltet einen Löser nach dem impliziten bzw. Euler-rückwärts-Verfahren für das Abbilden des Elektromagnetismus, sowie einen daran gekoppelten Löser nach dem expliziten bzw. Euler-vorwärts-Verfahren für die mechanische Aufgabenstellung der Umformung. Die Lösung der Maxwell Gleichungen für die Leiter erfolgt mittels finiter Element-Methode (FEM) und für das umgebende Medium mittels Randelement-Methode (BEM) (L'Eplattenier et al. 2008). Abbildung 5.3 zeigt den Schnitt durch das 3D-Modell, das neben dem experimentell ermittelten zeitlichen Verlauf des Spulenstroms $I(t)$ und den Werkstoffkennwerten in Anhang A als Eingangsgröße für die Simulationen dient. Das Cowper-Symonds Modell bildet das Werkstoffverhalten des Flyers während der Hochgeschwindigkeitsumformung ab (Cowper und Symonds 1957). Gemäß Lueg-Althoff et al. eignen sich dafür die Kennwerte C = 41.000 und p = 0,92 in Gleichung 5.1 (2018a).

$$\sigma_{\mathrm{d,dyn}} = \sigma_d \cdot \left[1 + \frac{\dot{\varphi}^{\frac{1}{p}}}{C}\right] \quad \text{(Livermore Software Technology Corporation (LSTC) 2017)} \qquad 5.1$$

Die Elementdicke der Solid-Elemente des Flyer-Rohres beträgt 0,25 mm, sodass bei einer Entladefrequenz von 20 kHz drei Elemente innerhalb der Skintiefe liegen, siehe Gleichung 2.8. Die Modellierung der Werkzeugspule und des Parent-Bauteils erfolgt als starre Körper über Solid- bzw. Shell-Elemente mit einer gröberen Vernetzung, wobei die Kontaktbedingung „FORMING_SURFACE_TO_SURFACE“ eine Flyer-Eindringtiefe von 50 µm des Flyers in die Parent-Oberfläche zulässt (Livermore Software Technology Corporation (LSTC) 2017). Diese ergibt sich aus dem Verhältnis der Kontaktkraft zur Eindringtiefe und einem Skalierungsfaktor, der für beide Fügepartner auf den Wert vier angepasst wird[3]. Das Modell berücksichtigt nicht, ob sich im Fügespalt Luft befindet oder ein Unterdruck herrscht, da die Dichte des Mediums in beiden Fällen deutlich geringer als die Flyer-Dichte ausfällt. Aus den Simulationen ergeben sich die Impaktzeitpunkte der einzelnen Knoten an der Flyer-Innenseite mit der Parent-Oberfläche. Daraus lassen sich die Kollisionsparameter radiale Impaktgeschwindigkeit $v_{i,r}$, Kollisionspunktgeschwindigkeit v_c und Kollisionswinkel β berechnen. Der kritische Zeitschritt

[3] SFS (Scale factor on default slave penalty stiffness):=4, SFM (Scale factor on default master penalty stiffness):=4

lässt sich gemäß L'Eplattenier und Caldichoury (2012) aus der minimalen Diffusionszeit des elektromagnetischen Felds durch ein Element berechnen und beträgt in diesem Modell ca. 1,8 µs. Der gewählte Zeitschritt im Modell liegt mit 0,025 µs deutlich unter dem kritischen Zeitschritt, um die Genauigkeit der Rechnung zu erhöhen.

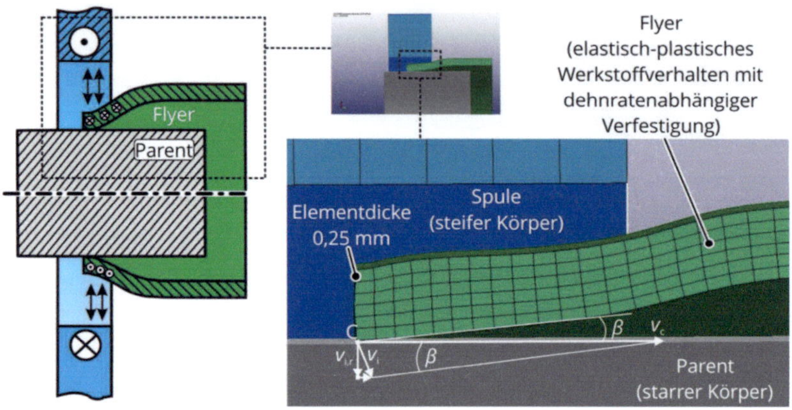

Abbildung 5.3: Schnitt durch das 3D-Modell im Wirkbereich der Werkzeugspule mit ermittelten kinetischen Kollisionsbedingungen in Anlehnung an Bellmann et al. (2019a)

5.3 Experimentelles Bestimmen der Impaktgeschwindigkeit

Die Anwendung des neuartigen Messsystems erfordert zunächst den Abgleich mit den Ergebnissen von etablierten Verfahren. Abbildung 5.4 verdeutlicht den entsprechenden Versuchsaufbau, bei dem ein PDV zum Einsatz kommt. Das Synchronisieren des PDV-Signals und der gemessenen Lichtintensität erfolgt über den Anstieg des Spulenstroms zum Beginn der Kondensatorentladung. Tabelle 5.1 stellt die Ergebnisse beider Messverfahren aus fünf Versuchen mit identischen Eingangsparametern gegenüber. Der Lichtblitz tritt ca. eine halbe Mikrosekunde nach dem Kollisionszeitpunkt zwischen Flyer und Parent auf, der sich aus den PDV Messungen ergibt. Die Berücksichtigung dieser Verzögerung und die Annahme einer gleichmäßig beschleunigten Flyer-Bewegung ab dem Startzeitpunkt der Umformung t_0 über den gesamten Fügespalt g ermöglicht das Abschätzen der Impaktgeschwindigkeit $v_{i,r}$. Diese Berechnungen unterschätzen die mittels PDV gemessenen Geschwindigkeiten um ca. 50 m/s, also 12 %. Als mögliche Ursachen für diese Abweichung kommen die Diskretisierung bei der Auswertung des PDV-Signals und die Messposition in Frage. So erfasst der Laserstrahl des PDV die Bewegung der Rohraußenseite, während der Lichtblitz an der Rohrinnenseite auftritt. Sowohl die Dauer als auch die Maximalintensität des Lichtblitzes weisen eine größere Varianz innerhalb der fünf Versuche auf, als der Startzeitpunkt. Ursächlich dafür können lokale Schwankungen in den Eigenschaften der Partikelwolke sein, die sich auf den mit Heißkleber versehenen Spitzen der LWL ablagert. Auf die folgenden Berechnungen der Impakt- und Kollisionspunktgeschwindigkeit wirkt sich dies jedoch nicht negativ aus, weil diese auf den Startzeitpunkten des Lichtblitzes basieren.

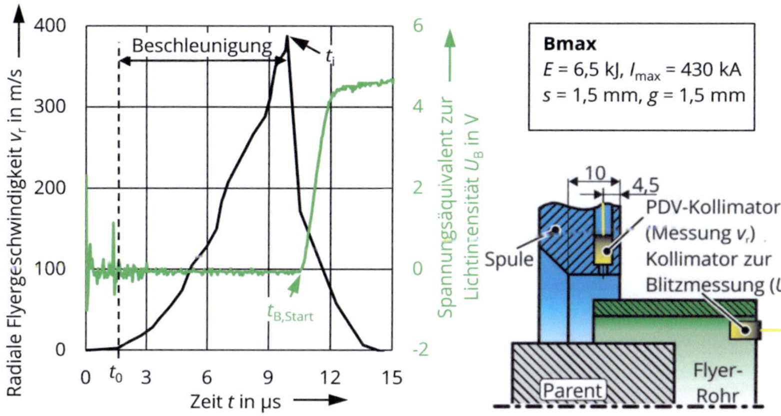

Abbildung 5.4: Vergleich der zeitaufgelösten radialen Flyergeschwindigkeit v_r (PDV) mit der gemessenen Lichtintensität U_B

Tabelle 5.1: Vergleich der charakteristischen Blitzwerte mit den PDV-Ergebnissen innerhalb von fünf Versuchen an der Position 180°

Bmax, E = 6,5 kJ, I_{max} = 430 kA, s = 1,5 mm, g = 1,5 mm, l_w = 6 mm, $d_{i,S}$ = 42 mm					
			Durchschnitt	Standardabweichung	Varianz in %
Ladespannung	U	kV	9	0	0,0
Ladeenergie	E	kJ	6,5	0	0,0
Spulenstrommaximum	I_{max}	kA	430	4	0,9
Startzeit der Umformung	t_0	µs	1,65	0,18	10,7
Radiale Impaktgeschwindigkeit (PDV)	$v_{i,r}$	m/s	395	15	3,8
Impaktzeit (PDV)	t_i	µs	10,32	0,26	2,6
Startzeit des Lichtblitzes	$t_{B,start}$	µs	10,80	0,25	2,3
Berechnete radiale Impaktgeschwindigkeit	$v_{i,r}$	m/s	347	10,46	3,0
Dauer des Lichtblitzes	t_B	µs	183,20	22,64	12,4
Spannungsäquivalent zur maximalen Lichtintensität	$U_{B,max}$	V	7,01	0,68	9,7

Abbildung 5.5 zeigt den Vergleich der beiden Messmethoden für höhere und niedrigere Ladeenergien. Die Abschätzung der radialen Impaktgeschwindigkeit $v_{i,r}$ aus den Startzeitpunkten der Lichtblitze erfolgt im Rahmen dieser Arbeit unter der Annahme einer gleichmäßig beschleunigten Flyer-Bewegung ab dem Startzeitpunkt der Umformung t_0 = 1,65 µs über den gesamten Fügespalt g und unter Berücksichtigung der Verzögerung zwischen Kollisionszeitpunkt und Lichtblitzbeginn von 0,5 µs. Es ergibt sich eine gute Übereinstimmung zwischen den berechneten und den gemessenen radialen Impaktgeschwindigkeiten. Die Möglichkeit zum Erfassen der Kollisionsbedingungen am sonst nur schwer zugänglichen Spulenspalt (0°) stellt einen großen Vorteil des neuartigen Blitzmesssystems dar. Gegenüber der 180° Position tritt der Lichtblitz bei allen Versuchen später auf. Die Ursache dafür liegt in der verringerten magnetischen Feldstärke und der dementsprechend kleineren radialen Flyer-Beschleunigung.

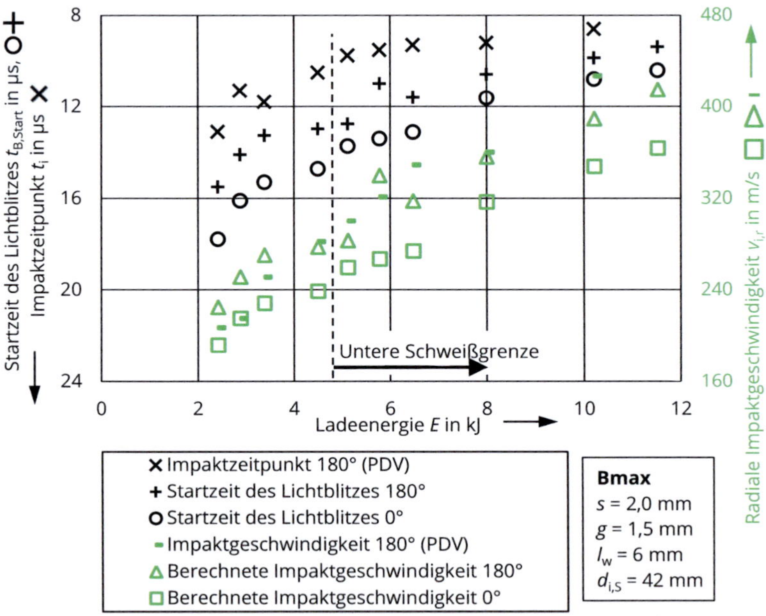

Abbildung 5.5: Einfluss der Ladeenergie auf den Impaktzeitpunkt, den Startzeitpunkt des Lichtblitzes und die Impaktgeschwindigkeit in Anlehnung an Bellmann et al. (2016c), (n = 1, keine PDV-Messung bei 11,3 kJ)

Die Ergebnisse hinsichtlich der Blitzdauer und –intensität korrelieren gut mit den Beobachtungen von Eichhorn, der die totale Lichtenergie als Zeitintegral der Lichtintensität definiert (Eichhorn 1976). In seinen Experimenten steigt die totale Lichtenergie mit zunehmender initialer Impaktgeschwindigkeit bei konstanten Massen. Die beschriebenen Magnetpulsschweißexperimente mit konstanter Flyer-Wandstärke und identischen geometrischen Randbedingungen bestätigen diese Beobachtung, siehe Abbildung 5.6., wobei der Unterschied zwischen den beiden Positionen 0° und 180° unregelmäßig ausfällt. Bei niedrigen Ladeenergien bis 4,5 kJ sinkt die Lichtintensität nach dem Erreichen des Intensitätsmaximums sofort ab, was zu keinen messbaren Blitzdauern führt. Die Erkenntnisse von Jean und Rollins (1970), wonach die Lichtemission ein Maß für den Jetting-Effekt darstellt, lassen sich ebenfalls gut auf das Magnetpulsschweißen übertragen. Die Impaktgeschwindigkeit muss einen Mindestwert überschreiten, damit sich eine ausreichend dichte und heiße Partikelwolke ausbildet. Deren Intensität stellt damit ein Schweißkriterium dar und lässt sich mit dem beschriebenen Messsystem in Form der Lichtintensität und -dauer erfassen. Allerdings bilden diese beiden Werte nur notwendige und keine hinreichenden Bedingungen. Für ein erfolgreiches Verschweißen muss zusätzlich auch der Kollisionswinkel über die axiale Geschwindigkeitskomponente so eingestellt werden, dass er in einem geeigneten Bereich liegt, siehe Kapitel 5.4 und 8.3.

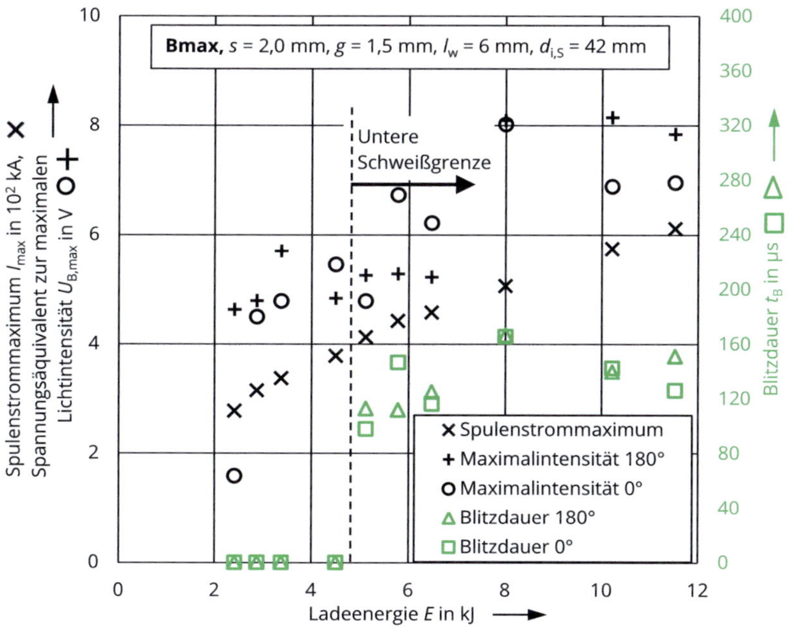

Abbildung 5.6: Einfluss der Ladeenergie auf das Spulenstrommaximum, die maximale Lichtintensität und die Blitzdauer in Anlehnung an Bellmann et al. (2016c). (n = 1)

5.4 Experimentelles Bestimmen der Kollisionspunktgeschwindigkeit

Die Kollisionspunktgeschwindigkeit v_c bildet die zweite wichtige Komponente zur Charakterisierung des Kollisions- und Abrollvorgangs und schließlich auch der Vorhersage zur Schweißbarkeit. Die Methode der Blitzauswertung eignet sich auch für diese Messaufgabe, wie bereits von Appelgren et al. beschrieben (2008). Sie arbeiten mit kleinen Magnetfeldkompressoren und bestimmen die Kontaktpunktgeschwindigkeit zwischen der expandierenden Armatur und der stationären Spule, indem sie die variierende Lichtintensität auswerten. Diese entsteht bei der spiralförmig stattfindenden Kollision zwischen den beiden Kupferwerkstoffen, die die stationären Sensoren als alternierende Lichtintensitäten aufnehmen. Die kürzeren Abrollbereiche und eine linear fortschreitende Kollisionsfront beim Magnetpulsschweißen erfordern eine Modifikation des Messprinzips. Dementsprechend befinden sich Absätze an verschiedenen axialen Positionen an mehreren Parent-Bauteilen, die den Entstehungszeitpunkt des Blitzes verschieben und dadurch eine Berechnung der axialen Geschwindigkeitskomponente ermöglichen.

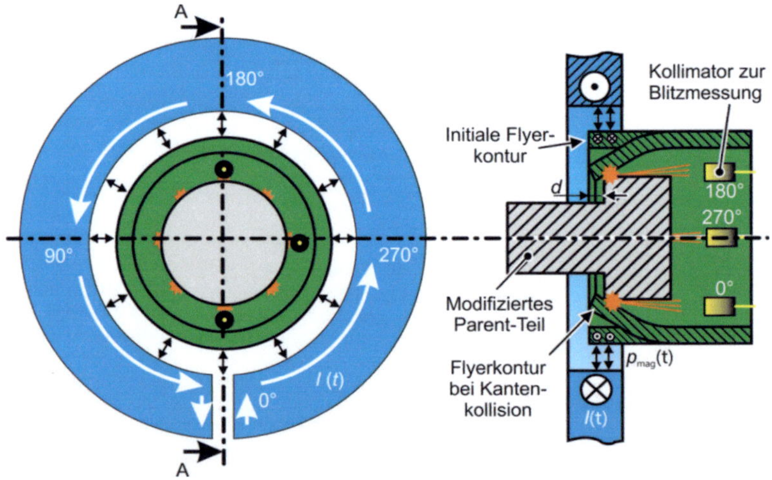

Abbildung 5.7: Versuchsaufbau zum Bestimmen der Kollisionspunktgeschwindigkeit in Anlehnung an Bellmann et al. (2017a)

Der in Abbildung 5.7 dargestellte Absatz im Parent-Bauteil dient nur zu Messzwecken und befindet sich nicht an realen Bauteilen in Verschweißexperimenten. Der Nachweis, dass die Parent-Kontur im Vergleich zum unkonturierten Originalbauteil nicht das Umformverhalten des Flyers beeinträchtigt, bildet eine wichtige Voraussetzung, um das neuartige Messprinzip anzuwenden. Der Nachweis erfolgt mittels numerischer Simulationen wie im Kapitel 5.2

beschrieben, allerdings mit der LS-DYNA Version R 8.0[4]. Das Verschweißen der beiden Bauteile bleibt in der Simulation unberücksichtigt. Folglich springt der Flyer nach dem Kontakt mit dem Parent zurück. Dieser Effekt beeinträchtigt jedoch nicht den Vergleich zwischen der Originalgeometrie und der konturierten Variante des Parents. Er tritt erst auf, nachdem der Kollisionspunkt die Stelle d = 4 mm erreicht hat, sodass keine Auswirkungen auf den potentiellen Schweißbereich d < 4 mm bestehen. Abbildung 5.8 vergleicht die Impaktzeitpunkte für die Originalform mit denen der konturierten Parent-Bauteile für verschiedene Absatzpositionen d und die daraus berechneten Kollisionspunktgeschwindigkeiten. Die korrespondierende Approximation der Impaktzeitpunkte bei dem Originalbauteil durch eine quadratische Gleichung besitzt ein Bestimmtheitsmaß von 1,00 und eignet sich deshalb zum Beschreiben des Impaktverhaltens im untersuchten Intervall. Der Flyer trifft für alle fünf Werte d bei den konturierten Parent-Teilen früher auf als die entsprechenden Flyer-Positionen auf das unkonturierte Parent-Bauteil.

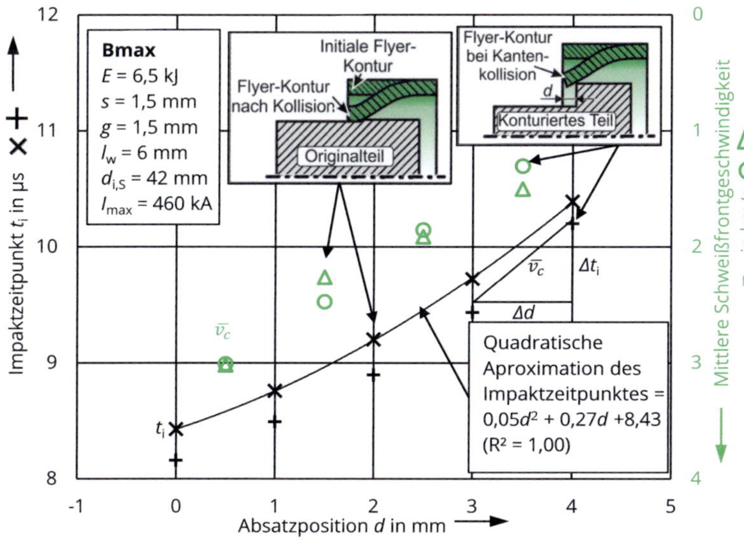

Abbildung 5.8: Einfluss der Parent-Geometrie auf die simulierten Impaktzeitpunkte und die berechneten mittleren Kollisionspunktgeschwindigkeiten $\overline{v}_c$ in Anlehnung an Bellmann et al. (2017a)

---

[4] Die numerischen Simulationen in diesem Kapitel 5.4 wurden von Herrn Lueg-Althoff mit der LS-Dyna Version R 8.0 durchgeführt und gemeinsam in Bellmann et al. (2017a) publiziert.

Die Auswertung zeigt, dass das größere Luftvolumen am Parent-Absatz zu einer Reduzierung der magnetischen Felddichte führt, was wiederrum einen größeren magnetischen Druck an der Flyer-Außenseite bedeutet und das zeitigere Auftreffen erklärt. Der zeitliche Versatz variiert zwischen 0,19 und 0,31 µs, sodass sich eine maximale Abweichung der berechneten Kollisionspunktgeschwindigkeit von 213 m/s bzw. eine Varianz von 9 % im Bereich 1 mm < d < 2 mm ergibt. Trotz dieser Abweichung bildet die konturierte Parent-Form den deutlichen Abfall der Kollisionspunktgeschwindigkeit von 3.000 m/s auf ca. 1.500 m/s innerhalb der ersten 4 mm nach dem initialen Auftreffen gut ab. Abbildung 5.9 zeigt die Startzeitpunkte des Lichtblitzes $t_{B,Start}$ an drei verschiedenen Stellen des Umfangs für die Absatzpositionen d zwischen 0 und 4 mm.

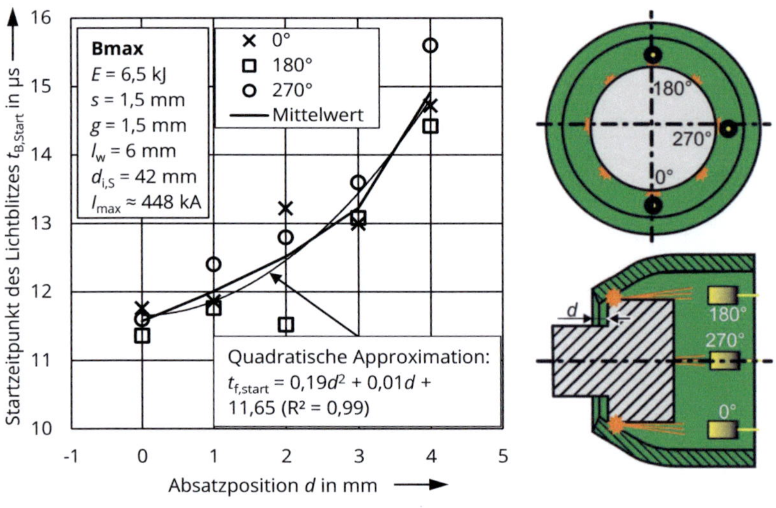

Abbildung 5.9: Einfluss der Absatzposition *d* auf den Startzeitpunkt des Blitzes $t_{B,Start}$ in Anlehnung an Bellmann et al. (2017a), (n = 1)

Verglichen mit den Simulations-ergebnissen treten die Lichtblitze ca. 4 µs später auf. Als mögliche Ursache kommt die Aufhärtung des Flyer-Werkstoffes in Frage, die nach der Wärmebehandlung bis zu den Experimenten stattfindet und nicht exakt mit den mechanischen Werkstoffkennwerten in der Simulation übereinstimmt. Dieser Effekt beeinflusst jeden einzelnen Versuch aus der Versuchsreihe in gleichem Maße und ermöglicht deshalb trotzdem die Auswertung der Experimente. Das Bestimmtheitsmaß der quadratischen Approximation liegt mit 0,99 leicht unterhalb der Simulationsergebnisse. Als Ursache dafür kommen kleine Abweichungen in den realen Spulenstromverläufen $I(t)$ in Frage, welche bei den Simulationen nicht auftreten. Der deutliche Unterschied in den Startzeitpunkten der Lichtblitze bei d = 2 mm hängt möglicherweise mit einer außermittigen Bauteilpositionierung zusammen, beeinflusst den dargestellten Verlauf der Mittelwerte jedoch nicht negativ.

Abbildung 5.10 vergleicht die aus den mittleren Impaktzeiten berechneten Kollisionspunktgeschwindigkeiten v_c mit den simulierten Werten. Innerhalb der ersten drei Millimeter reduziert sich die Kollisionspunktgeschwindigkeit deutlich von 2.300 auf 1.400 m/s und schließlich auf 600 m/s zwischen 3 mm < d < 4 mm. Die bereits vermuteten Abweichungen im Werkstoffmodell wirken sich an dieser Stelle sehr stark aus, da die simulierten Kollisionspunktgeschwindigkeiten teilweise 900 m/s höhere Werte aufweisen. Wie bereits im Kapitel 5.1 beschrieben, setzt das Verschweißen erst nach 1 mm ein. Der Kollisionswinkel berechnet sich nach Formel 2.13 und verändert sich ebenfalls im Verlauf der Abrollbewegung, siehe Abbildung 5.10. Ein angepasster Versuchsaufbau in Kapitel 6 erlaubt das gezielte Beeinflussen der Kollisionsbedingungen und leistet damit einen entscheidenden Beitrag zur Erstellung des Schweißmodells in Kapitel 7.

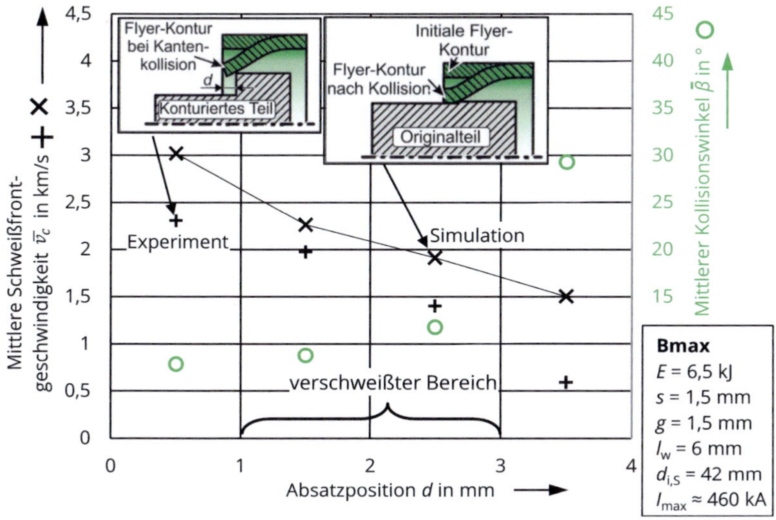

Abbildung 5.10: Vergleich der mittleren Kollisionspunktgeschwindigkeiten aus den experimentell gemessenen Mittelwerten der Impaktzeiten bei 0°, 180° und 270° mit den Ergebnissen aus Simulationen bei 180°, sowie experimentell bestimmter mittlerer Kollisionswinkel in Anlehnung an Bellmann et al. (2017a), (n = 1)

5.5 Weitere Anwendungsmöglichkeiten der Blitzauswertung

Das neuartige Messsystem eignet sich nicht nur zum Bestimmen der kinetischen Kollisionsbedingungen, sondern auch zum Überwachen des eigentlichen Schweißprozesses. Abbildung 5.11 verdeutlicht den Einfluss der Oberflächenverschmutzung durch Öl auf das Prozessleuchten.

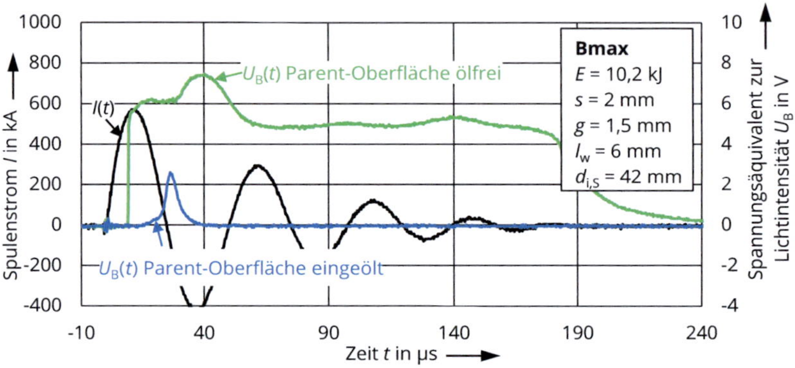

Abbildung 5.11: Einfluss einer eingeölten Parent-Oberfläche auf den Blitz bei 180°

Öl auf den Fügepartnern reduziert die Lichterscheinung deutlich und verhindert das Verschweißen. Dieser Zusammenhang qualifiziert die Blitzmessmethode als Mittel zur Qualitätssicherung in der industriellen Fertigung. Wie bereits in Kapitel 5.1 beschrieben, ermöglicht die Anwendung mehrerer Kanäle zum Erfassen der Lichtemission an verschiedenen Stellen außerdem das Erkennen von Fehlpositionierungen zwischen den Bauteilen. Bei rotationssymmetrischen Baugruppen wirken sich Abweichungen in der Achsensymmetrie unter Umständen negativ auf die komplette Schweißnaht aus.

5.6 Zwischenfazit zu Kapitel 5

Die Nahtausbildung beim Magnetpulsschweißen hängt von den kinetischen Kollisionsbedingungen ab, die sich mit konventionellen Messmethoden nur schwer bestimmen lassen. Das im Rahmen der Arbeit neu entwickelte und patentierte optische Messsystem analysiert den charakteristischen Impaktblitz, der bei der Hochgeschwindigkeitskollision von zwei Fügepartnern auftritt (Bellmann 2016). Experimente unter gleichzeitiger Verwendung des PDV-Systems belegen eine starke Lichtemission reproduzierbar ca. 0,5 µs nach dem Aufprall des Flyers. Das Leuchten bildet sich innerhalb der ersten 1,5 mm nach der initialen Kollision aus. Um diesen Effekt wirkungsvoll als Messmittel einzusetzen, erfolgt zunächst die numerische Simulation des Flyer-Umform- und Kollisionsverhaltens mit dem Parent in der Software LS-DYNA. Der Vergleich der ermittelten Geschwindigkeitskomponenten mit den experimentell bestimmten Werten ergibt, dass sich das System zum Messen der radialen Impaktgeschwindigkeit durch Auswerten des Startzeitpunktes des Blitzes eignet, wenn eine Mindestkollisionslänge von ca. 1,5 mm vorliegt. Eine Modifizierung des Parent-Teils ermöglicht auch die Ermittlung der Kollisionspunktgeschwindigkeit, aus der sich letztendlich der Kollisionswinkel berechnen lässt. Das Messsystem erfasst außerdem zuverlässig Störungen, die im Prozess auftreten können. Oberflächenverschmutzungen und Fehlpositionierungen der Fügepartner wirken sich negativ auf das Schweißergebnis aus und beeinflussen zugleich den Impaktblitz. Durch diesen Zusammenhang steht ein Messsystem zur Verfügung, das das Einstellen und Überprüfen des Umform- und Kollisionsverhaltens bei einer konkreten Fügeaufgabe zulässt. Die Anwendung dieser Erkenntnisse, z. B. durch gezielte Bauteilpositionierungen oder -konturierungen bildet den Ausgangspunkt der folgenden Kapitel.

6 Experimentelle Analyse der Partikelwolkeneigenschaften

6.1 Einfluss der Kollisionsbedingungen auf die Temperatur der Partikelwolke

Die Hochgeschwindigkeitskollision beim Magnetpulsschweißen geht mit einem sehr hellen Prozessleuchten einher. Die Auswertung dieser Lichtemission eignet sich, wie in Kapitel 5 beschrieben, als Messmethode zum Erfassen und Einstellen der kinetischen Kollisionsbedingungen. Die Wechselwirkung der Partikelwolke mit der Umgebungsluft erschwert jedoch das direkte Beobachten der Vorgänge im Fügespalt. Um diese besser zu erfassen, wird der Prozess im Vakuum durchgeführt, damit weder eine Reaktion mit dem Umgebungssauerstoff noch eine Schockkompression der Luft im Fügespalt stattfinden kann. Abbildung 6.1 zeigt einen Versuchsaufbau, der das Magnetpulsschweißen in einer Vakuumkammer bei verschiedenen Umgebungsdrücken p, Kollisionslängen l_K, Wirklängen l_w und Parent-Konturierungen ermöglicht.

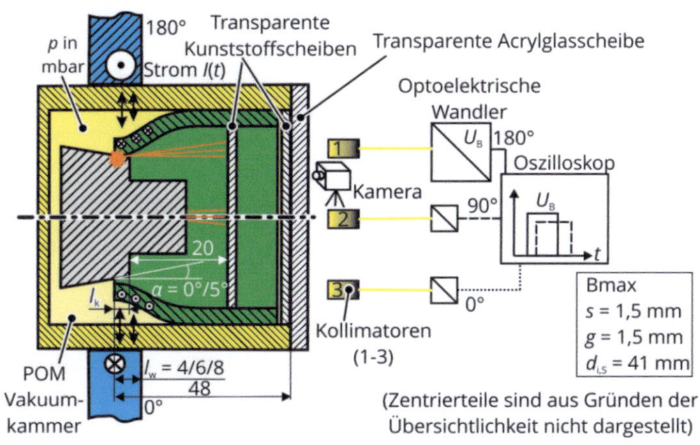

Abbildung 6.1: Schema des angepassten Versuchsaufbaus bei verschiedenen Umgebungsdrücken *p* mit Kollimatoren (1-3) für Blitzmessung und Kamera (nicht maßstabsgerecht, alle Werte in mm) in Anlehnung an Bellmann et al. (2019e)

Die Kamera EOS 700D mit einer Belichtungszeit von sechs Sekunden, einer fest eingestellten Blendenzahl F13 und einer Lichtempfindlichkeit ISO 100 befindet sich hinter einer durchsichtigen Scheibe aus Acrylglas, die durch eine dünne austauschbare Kunststoffscheibe vor der Partikelwolke geschützt wird. Es dringt kein Umgebungslicht von außerhalb in den Versuchsaufbau ein, sodass die erzeugten Langzeitbelichtungen die Farbbestimmung des eigentlichen

Prozessleuchtens zulassen. Unter der Annahme einer Schwarzkörperemission der heißen Partikelwolke ermöglicht das Umwandeln des durchschnittlichen R/G/B-Wertes von 5x5 Pixeln in die 2D-xy-Farbtafel das Abschätzen einer Temperatur im Fügespalt. Das Blitzmesssystem erfasst außerdem den zeitabhängigen Verlauf der Lichtintensität. Weiterhin befindet sich eine Kunststoffscheibe im Innenraum des Flyerrohres, um die Interaktion mit der Partikelwolke zu untersuchen. Diese lagert sich entweder auf der Scheibe ab oder zerstört sie teilweise. Diese Beobachtungen, sowie die Ablagerungen an der Flyerrohrinnenseite erlauben qualitative Aussagen bezüglich der Ausbreitungsrichtung der Partikelwolke. Abbildung 6.2 verdeutlicht die beschriebenen Effekte und markiert außerdem die Stelle am Parent-Bauteil, an der bei einigen Versuchen Ablagerungen auf der Oberfläche zu Interferenzeffekten führen, die an charakteristische Anlassfarben erinnern.

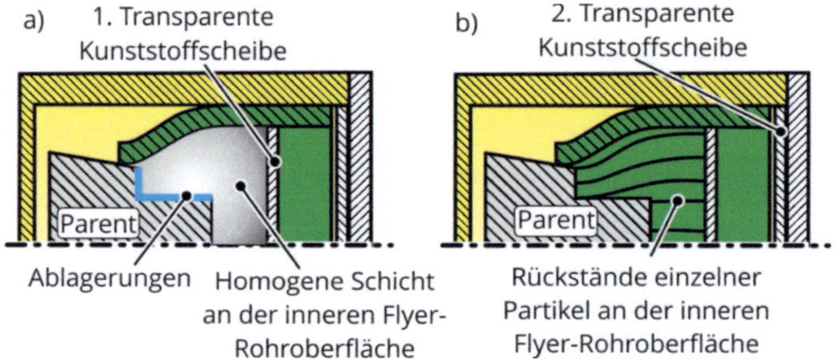

Abbildung 6.2: Schematische Darstellung der Effekte auf den Bauteiloberflächen mit a) homogenen und b) streifenförmigen Ablagerungen (nicht maßstabsgerecht, ohne Zentrierteile) in Anlehnung an Bellmann et al. (2019e)

Abbildung 6.3 verdeutlicht die geringer werdende Intensität und veränderte Farbe des Prozessleuchtens bei schrittweise reduziertem Umgebungsdruck p, siehe auch Pabst und Groche (2016). Einige RGB-Farbwerte befinden sich nahe an der Sättigungsgrenze, was das Abschätzen der Temperaturen für diese Experimente erschwert.

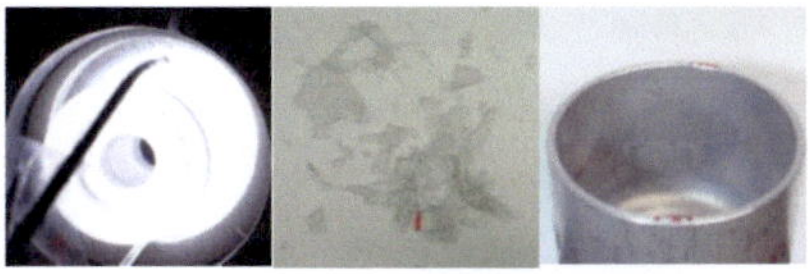

a) p = 1.000 mbar, R/G/B = 254/254/253

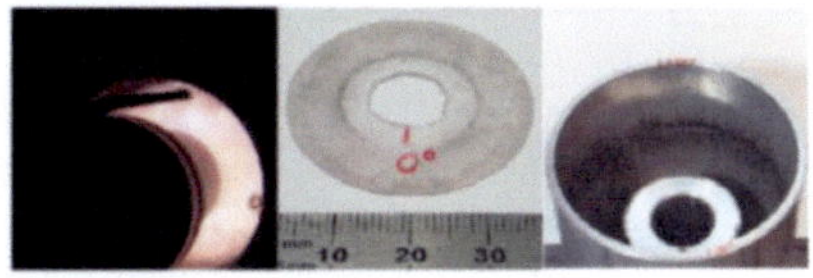

b) p = 10 mbar, R/G/B =255/237/247

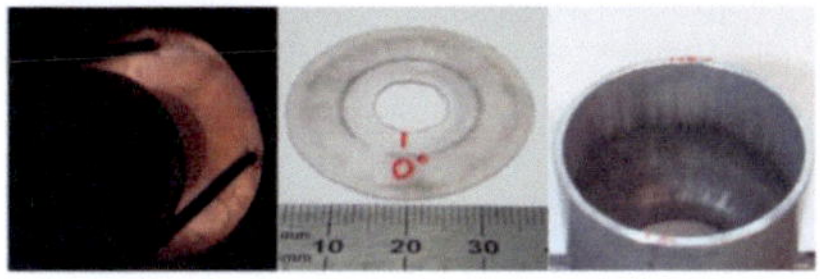

c) p = 0.1 mbar, R/G/B = 201/133/117

Bmax-Pulsgenerator, l_K = 3 mm, $\alpha = 0°$, g = 1,5 mm, E = 4,5 kJ, I_{max} = 365 kA, $d_{i,S}$ = 41 mm, l_w = 6 mm

Abbildung 6.3: Langzeitbelichtungen des Prozessleuchtens, erste Kunststoffscheibe und Flyer-Rohr nach den MPW-Experimenten bei verschiedenen Umgebungsdrücken *p* in Anlehnung an Bellmann et al. (2019e)

Die Tatsache, dass selbst unter Vakuumbedingungen ein Impaktblitz auftritt, lässt folgenden Schluss zu: Im Fügespalt existiert etwas, das Licht emittiert. Es liegt nahe, die Lichterscheinung der bereits von Deribas und Zakharenko (1974) beschriebenen Partikelwolke zuzuschreiben, die bei der Hochgeschwindigkeitskollision entsteht und aus dem Fügespalt entweicht.

In Umgebungsatmosphäre erreicht die Lichtintensität nach 0,4 µs ihr Maximum, im Vakuum dauert dies ca. 4 µs, siehe Abbildung 6.4. In beiden Fällen tritt der Schweißeffekt auf, sodass das umgebende Gas im Fügespalt keine notwendige Schweißbedingung darstellt und es unabhängig vom Umgebungsmedium zur Ausbildung einer Partikelwolke beim initialen Auftreffen kommt. Befindet sich ein Gas im Fügespalt, sorgt die ausströmende Partikelwolke für dessen Schockkompression (Koschlig et al. 2008) und das damit einhergehende extrem helle Prozessleuchten. Bei Fügeexperimenten zwischen Aluminium-Flyern und Parent-Bauteilen aus Kunststoff in Umgebungsatmosphäre tritt kein Prozessleuchten auf. Daraus lässt sich schlussfolgern, dass die Hochgeschwindigkeitsumformung des Flyers an sich keine Schockkompression der Luft im Fügespalt in einem Maß hervorruft, bei dem es stark zu leuchten beginnt. Bei den eigentlichen Fügeexperimenten in Umgebungsatmosphäre zwischen Aluminium und Stahl bildet sich jedoch eine Partikelwolke und führt wie beschrieben zur Schockkompression des umgebenden Gases, was wiederum zum kompletten Zersplittern der ersten Kunststoffscheibe führt. Im Vakuum tritt keine Interaktion mit anderen Gasen auf und die Partikelwolke expandiert ungehindert in Schweißrichtung. Dies verstärkt gleichzeitig die Ablagerungen an der Flyer Innenseite und führt auf dem Parent-Teil zu Interferenzeffekten, die Anlassfarben ähneln. Der Lichtblitz tritt bei p = 10 mbar ca. 2 µs später auf als bei dem Umgebungsdruck von p = 1.000 mbar. Aufgrund der deutlich geringeren Dichte von Luft im Vergleich zum Aluminium-Flyer kann davon ausgegangen werden, dass das weitere Absenken des Umgebungsdrucks das Flyer-Umform- und Kollisionsverhalten nicht nachteilig beeinflusst. Der verzögerte Startzeitpunkt des Lichtblitzes und das vergleichsweise langsame Ansteigen der Lichtintensität im Vakuum resultieren aus der fehlenden Schockkompression der Umgebungsluft, die bei p = 1.000 mbar maßgeblich zum Intensitätsanstieg beiträgt.

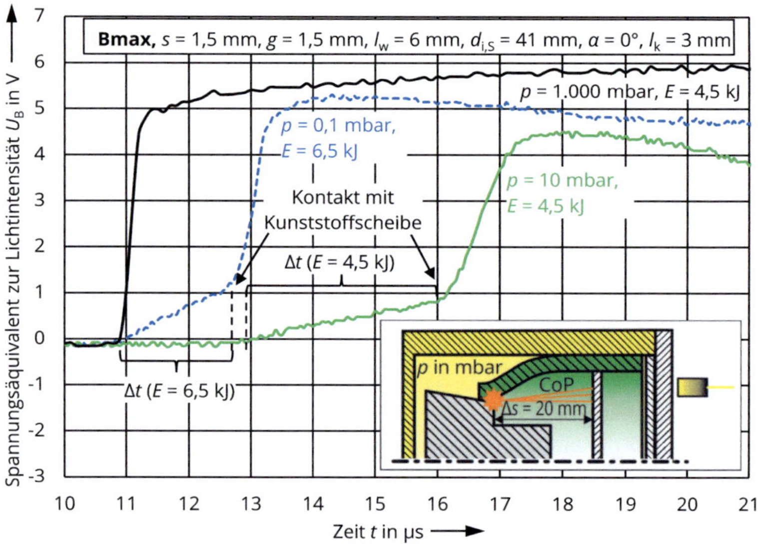

Abbildung 6.4: Lichtintensitäten für verschiedene Umgebungsdrücke *p* und Ladeenergien *E* in Anlehnung an Bellmann et al. (2019e)

Analog zu den Experimenten in Kapitel 5.1 bei Umgebungsatmosphäre tritt der Lichtblitz auch im Vakuum erst bei einer bestimmten Kollisionslänge l_K auf. Abbildung 6.5 zeigt dies exemplarisch anhand von zwei Kollisionslängen. Bei l_K = 1 mm bildet sich offenbar noch keine signifikante Partikelwolke aus, da sich keine Spuren davon auf der Flyer-Rohrinnenseite oder der ersten Kunststoffscheibe nachweisen lassen, siehe Bildteil a). Eine Erhöhung der Kollisionslänge auf l_K = 3 mm erzeugt sowohl ein Prozessleuchten, als auch Ablagerungen der Partikelwolke auf der Flyer-Oberfläche und dem inneren Absatz des Parent-Bauteils. Der sich schließende Fügespalt komprimiert demnach die entweichende Partikelwolke, wodurch sich diese aufheizt und zu den beschriebenen Merkmalen führt.

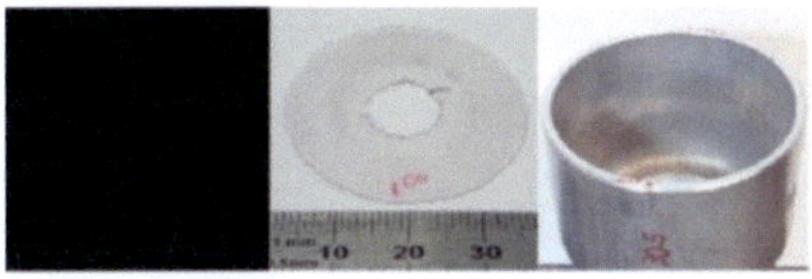

a) l_K = 1 mm, R/G/B = 0/0/0

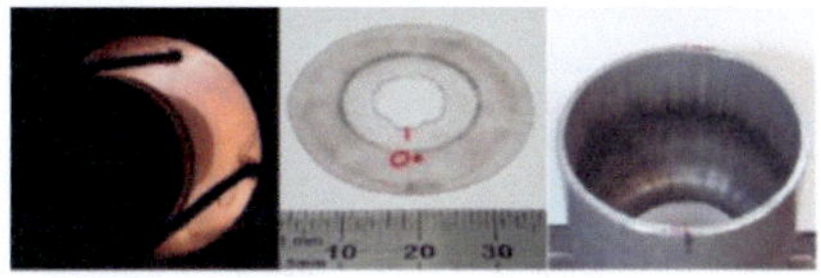

b) l_K = 3 mm, R/G/B = 236/186/182

Bmax-Pulsgenerator, p = 0,1 mbar, $\alpha = 0°$, g = 1,5 mm, E = 4,5 kJ, I_{max} = 365 kA, $d_{i,S}$ = 41 mm, l_w = 6 mm

Abbildung 6.5: Langzeitbelichtungen des Prozessleuchtens, erste Kunststoffscheibe und Flyer-Rohr nach den MPW-Experimenten bei verschiedenen Kollisionslängen l_K in Anlehnung an Bellmann et al. (2019e)

Im Folgenden wird eine gezielte Beeinflussung der Kollisionsbedingungen und Analyse der sich daraus ergebenden Partikelwolkeneigenschaften beschrieben. Abbildung 6.6 stellt die Ergebnisse der Untersuchungen für eine einheitliche Kollisionslänge l_K von 3 mm dar.

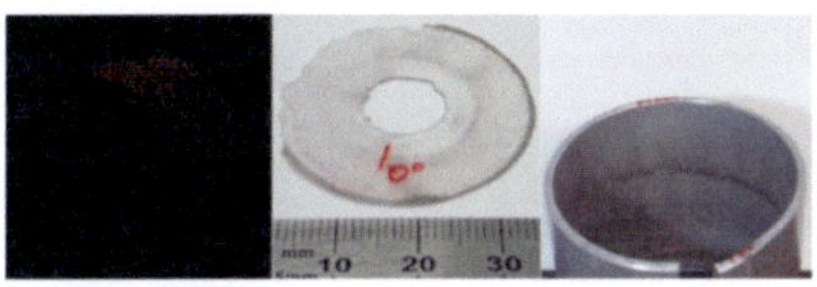

a) Wirklänge l_w = 4 mm, Simulierter Kollisionswinkel β = 9,5°, R/G/B = 46/16/7

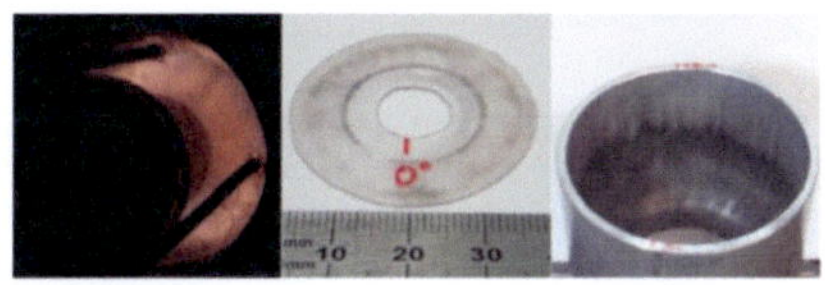

b) Wirklänge l_w = 6 mm, Simulierter Kollisionswinkel β = 6,4°, R/G/B = 201/133/117

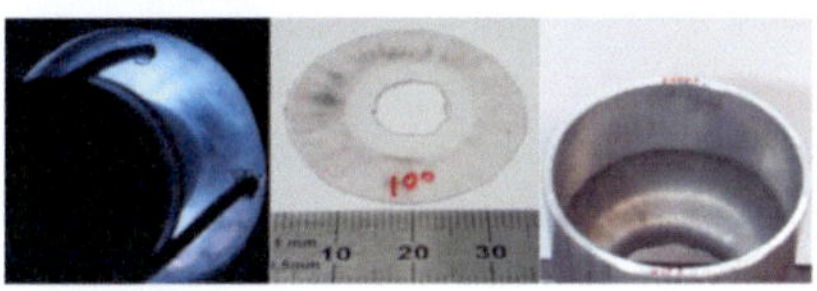

c) Wirklänge l_w = 8 mm, Simulierter Kollisionswinkel β = 3,4°, R/G/B = 201/249/253

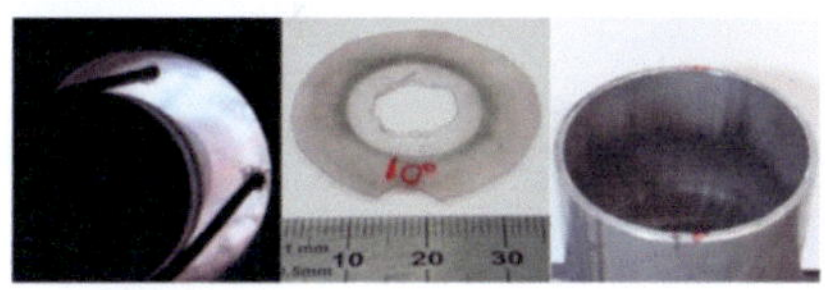

d) Ladeenergie E = 6,5 kJ, I_{max} = 439 kA, R/G/B = 220/238/254

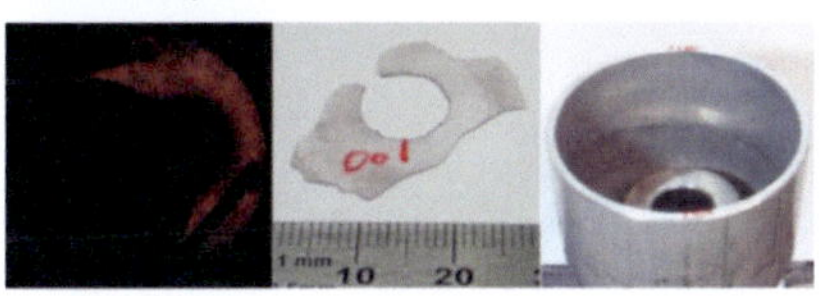

e) Parent-Winkel α = 5°, Simulierter Kollisionswinkel β = 9,9°, R/G/B = 98/42/26

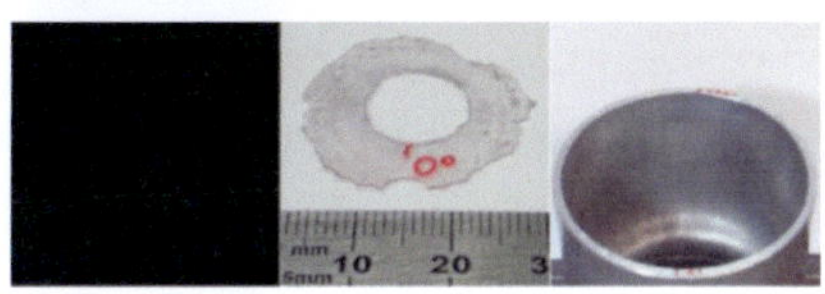

f) Parent-Winkel α = 10°, R/G/B = 36/13/4

Bmax-Pulsgenerator, p = 0,1 mbar, $\alpha = 0°$, g = 1,5 mm, E = 4,5 kJ, I_{max} = 365 kA, $d_{i,S}$ = 41 mm, l_K = 3 mm, l_w = 6 mm

Abbildung 6.6: Langzeitbelichtungen des Prozessleuchtens, erste Kunststoffscheibe und Flyer-Rohr nach den MPW-Experimenten am Standardaufbau für verschiedene Wirklängen bzw. Kollisionswinkel, Ladeenergien und Parent-Winkel in Anlehnung an Bellmann et al. (2019e)

Im ersten Schritt erfolgt eine Erhöhung der Wirklänge l_w von 6 mm auf 8 mm. Der in Simulationen[5] ermittelte initiale Kollisionswinkel reduziert sich damit an der 180°-Position von 6,4° auf 3,4°, die gemessene Kollisionspunktgeschwindigkeit v_c erhöht sich von 2062 m/s auf 3077 m/s. Bildteil c) verdeutlicht die Intensitätssteigerung des Prozessleuchtens und den auffälligen Wechsel seiner Farbe von Rot zu einem schwachen Blau. Eine Reduzierung der Wirklänge auf 4 mm erhöht den Kollisionswinkel auf 9,5°. Die Kollisionspunktgeschwindigkeit lässt sich mit der Methode aus Kapitel 5.4 nicht exakt bestimmen, da für die Absatzposition d = 4 mm kein Lichtblitz auftritt. Diese Beobachtung korreliert mit der Tatsache, dass für diese Kollisionsbedingungen kein Verschweißen stattfindet. Die erste Kunststoffscheibe weist Splitterungen am Außenumfang auf und ein kreisförmiger Krater auf der zweiten durchsichtigen Kunststoffscheibe zeugt von einem harten Aufprall einzelner Partikel, die während des Fügeprozesses aus dem Fügespalt austreten und durch die Flyer-Rohrinnenseite eine gerichtete Bewegung ausführen. Im Gegensatz dazu führen kleinere Kollisionswinkel zu einer fein verteilten Partikelwolke, die einem Metalldampf gleicht und sich nicht als streifenförmige, sondern gleichmäßige dunkelgraue Ablagerungen auf der ersten Kunststoffscheibe bzw. dem Flyer-Rohr niederschlägt, siehe Bildteil b) und noch deutlicher in Bildteil c).

Unter der Annahme einer idealen Schwarzkörperstrahlung erlaubt die Auswertung der R/G/B-Werte in den JPG-Bildern das Abschätzen der Partikelwolkentemperatur im Fügespalt. Sie erhöht sich von ca. 5.500 K (β = 6,4° bei l_w = 6 mm) auf ca. 8.000 K (β = 3,4° bei l_w = 8 mm). Obwohl sich der Blauwert für β = 3,4° schon nahe an der Sättigung befindet und damit die ermittelten Temperaturwerte nur als Richtwerte dienen können, lässt sich die Tendenz von höheren Temperaturen bei kleineren Kollisionswinkeln klar feststellen. Dies zeigt sich wie beschrieben auch an den stärker ausgeprägten Oberflächenablagerungen auf dem Innenabsatz des Parent-Teils und den damit einhergehenden Interferenzerscheinungen, wie sie auch bei Anlassprozessen entstehen. Da bei beiden Versuchen die gleichen radialen Impaktgeschwindigkeiten vorliegen, sollte zumindest innerhalb der ersten sechs Millimeter der Kollision ungefähr die gleiche Menge an Partikeln den Fügespalt verlassen. Der entscheidende Unterschied besteht jedoch darin, dass diese Menge bei einem kleineren Kollisionswinkel in einem kleineren Volumen vorliegt und stärker komprimiert wird. Diese Verdichtung führt zu einem stärkeren Aufheizen der Fügepartneroberflächen und einer fein-dispersen Verteilung beim Ausstoß des Dampfes aus dem Fügespalt. Dieser Effekt unterstützt das Verschweißen,

[5] Die numerischen Simulationen in diesem Kapitel 6.1 wurden von Herrn Felix Ueberschär mit der LS-Dyna-Version R10.0 durchgeführt und gemeinsam in Bellmann et al. (2019a) publiziert.

da er die Oberflächen vor dem Zusammentreffen besser aktiviert. Bildteil d) zeigt ähnliche Ergebnisse für einen Versuch mit einer erhöhten Ladeenergie $E = 6{,}5$ kJ. Abbildung 6.4 verdeutlicht den Anstieg der Lichtintensität mit einer gestrichelten Linie. Aus der Zeitdifferenz Δt zwischen der ersten Lichtemission der Partikelwolke und der Reaktion mit der ersten Kunststoffscheibe ergeben sich die durchschnittlichen Geschwindigkeiten der Partikelwolke im Bereich von ca. 10 km/s für $E = 6{,}5$ kJ und ca. 6 km/s für $E = 4{,}5$ kJ. Die Geschwindigkeit der Partikelwolke ist demnach im Vakuum mehr als doppelt so groß wie die Schweißfrontgeschwindigkeit in Abbildung 5.10.

Die in Abbildung 6.1 dargestellte Konturierung des Parent-Teils mit einer Fase α von 5° bzw. 10° verhindert das umfängliche Verschweißen. Als Ursache kommt die unzureichende Kompression durch den größeren Kollisionswinkel β von 9,9° für $\alpha = 5°$ in Betracht, was gleichzeitig zu einer reduzierten Lichtemission und deutlich weniger Ablagerungen an der Flyer-Rohrinnenseite führt, siehe Abbildung 6.6 e) und f). Außerdem wirkt sich die Fase auf die Ausbreitungsrichtung der ausgestoßenen Partikel aus, da die erste Kunststoffscheibe großflächig und nicht nur am Rand zersplittert. All diese Merkmale deuten auf eine unzureichende Kompression und Aufheizung der Partikelwolke hin. Die daraus folgende Oberflächenaktivierung genügt nicht für ein Verschweißen.

6.2 Charakterisieren der Partikelwolke

Die Temperatur im Fügespalt hängt vom Kollisionswinkel ab und beeinflusst die Charakteristik und Zusammensetzung der Partikelwolke, sowie das Schweißergebnis. Um die Zusammenhänge gezielt zu untersuchen, enthält der Versuchsaufbau in Abbildung 6.7 a) zusätzliche Elemente für Magnetpulsschweiß-Experimente in Umgebungsatmosphäre:

1. Jeweils einen zylinderförmigen Wolfram-und Graphit-Stift, deren Stirnflächen sich im Fügespalt 15 mm hinter dem initialen Impaktpunkt des Flyers befinden, sowie
2. Eine galvanisch aufgebrachte, 5 µm dicke Kupferschicht auf dem Parent-Teil aus C45, beginnend 5 mm hinter dem initialen Impaktpunkt des Flyers.

Die Partikelwolke, die beim Magnetpulsschweißen entsteht, trifft auf die beiden Stifte und interagiert mit ihren Oberflächen. Die Werkstoffe der beiden Stifte sind so gewählt, dass sich mit dem weichen Graphitstift die mechanische und mit dem hochschmelzenden Wolframstift die bedampfende Wirkung der Partikelwolke erfassen lässt. Im Falle des weichen Graphit-Stiftes verdeutlicht Abbildung 6.7 b), dass ein kleiner Kollisionswinkel nur eine kleine Eindringtiefe von ca. 120 µm im Inneren der Stift-Oberfläche erzeugt, während ein großer Kollisionswinkel einen deutlich größeren Krater mit einer Tiefe von reichlich 1.000 µm und mit mehr Volumen bis zum Rand des Stiftes hinterlässt.

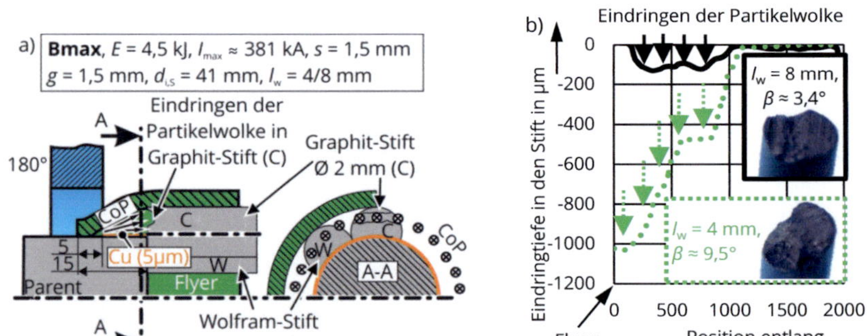

Abbildung 6.7: a) Schematischer Versuchsaufbau zum Charakterisieren der Partikelwolke (CoP) ohne Isolations- und Zentrierteile und b) Eindringtiefe der CoP in Graphit-Stifte in Abhängigkeit des Kollisionswinkels (nicht maßstabsgerecht, alle Werte in mm) in Anlehnung an Bellmann et al. (2020)

Im Falle des Wolfram-Stiftes erzeugt die Partikelwolke keine tiefen Krater, sondern schlägt sich auf seiner Oberfläche nieder. Abbildung 6.8 b) stellt die Stift-Oberfläche vor dem Magnetpulsschweißversuch mit einer linienförmigen Struktur dar, welche beim Trennschleifen zum Herstellen des Stiftes entsteht. Die Elementzusammensetzungen in den Bildteilen d) und f) zeigen für zwei verschiedene Kollisionswinkel, dass die niedergeschlagene Schicht hauptsächlich aus dem Flyer-Werkstoff Aluminium, aber auch dem Parent-Werkstoff Eisen besteht.

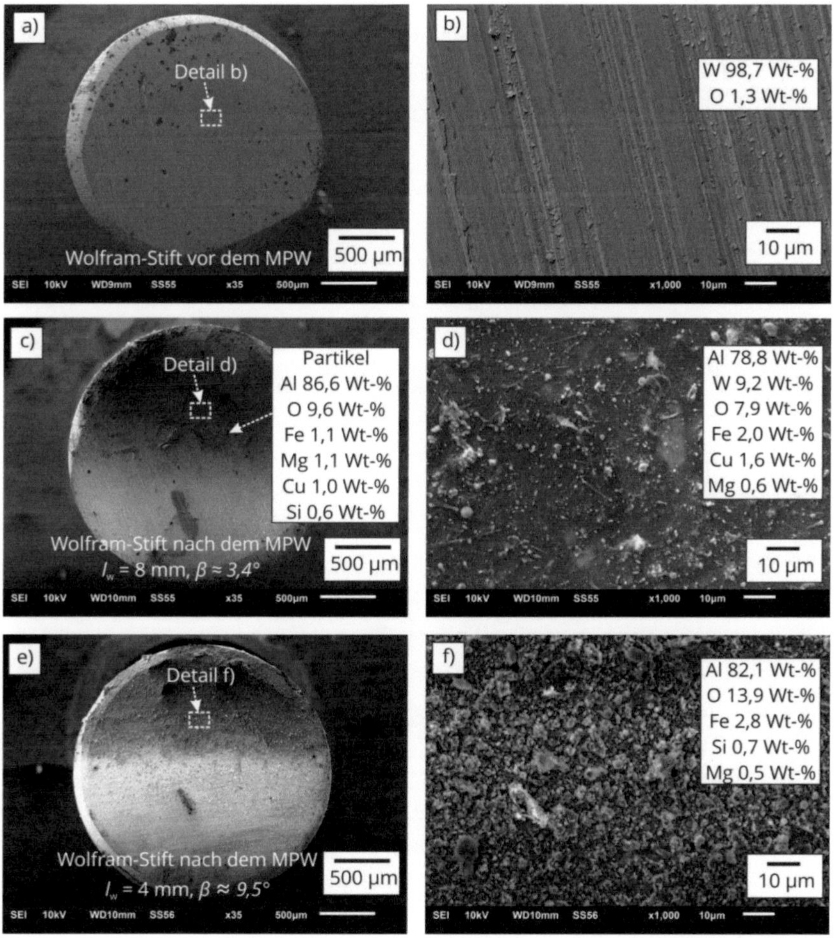

Abbildung 6.8: Sekundärelektronenbilder und chemische Zusammensetzung der Oberfläche der Wolfram-Stifte a) und b) vor dem MPW-Prozess, c) - f) nach dem MPW Prozess mit verschiedenen Kollisionswinkeln in Anlehnung an Bellmann et al. (2020)

Außerdem lässt der gestiegene Sauerstoffanteil auf eine teilweise Oxidation der Partikelwolke während des Fügeprozesses schließen. Der Kollisionswinkel beeinflusst die Struktur der bedampften Oberflächen. So führen große Kollisionswinkel zu einer groben und zerklüfteten Topografie, die eine Vielzahl einzelner Partikel erkennen lässt (f). Demgegenüber erzeugen kleine Kollisionswinkel eine homogenere Schicht mit vereinzelten Partikeln (d). Aufgrund der Tatsache, dass darunterliegendes Wolfram detektiert werden konnte, ist diese Schicht dünner als bei dem größeren Kollisionswinkel. Des Weiteren enthält die Schicht nur bei dem kleinen Kollisionswinkel Kupfer. Dies bildet einen weiteren wichtigen Beweis dafür, dass die Partikelwolke bei einem kleinen Kollisionswinkel eine extrem hohe Temperatur besitzt, die sogar die am Ende der Umformzone beginnende Kupferschicht anschmelzen und durch die hohe Strömungsgeschwindigkeit mitreißen kann. An dieser Stelle fallen die plastischen Deformationen und damit die Umformwärme durch die Abrollbewegung des Flyers deutlich geringer aus als an dessen initialen Impaktpunkt, siehe Abbildung 4.3. Daraus lässt sich schlussfolgern, dass das Erwärmen der Fügepartneroberflächen durch die Partikelwolke einen entscheidenden Energieeintrag beim Magnetpulsschweißen leistet. Bei großen Kollisionswinkeln hingegen treten niedrigere Temperaturen im Fügespalt auf, wodurch die Partikel in der Wolke nicht vollständig aufschmelzen und die Partikelwolke keine Bestandteile aus der höherschmelzenden Kupferschicht herauslöst. Daraus ergeben sich die grobe Bedampfungsstruktur und der fehlende Kupferanteil auf den Wolfram-Stiften, sowie die voluminösen Krater am Graphit-Stift.

Das Untersuchen der Partikelwolkenwirkung in Bezug auf das Schweißergebnis erfolgt in Umgebungsatmosphäre. Abbildung 6.9 stellt zunächst das Flyer-Umformverhalten an den zwei Pulsgeneratoren Bmax und EmGen für Versuche an der jeweiligen Schweißuntergrenze bei verschiedenen Wirklängen mit der Methode aus Kapitel 5.4 gegenüber. Dadurch lassen sich drei wesentliche Erkenntnisse ableiten:

1. Am Versuchsaufbau mit dem EmGen-Pulsgenerator tritt der Lichtblitz infolge der Kollision der vorderen Flyer-Kante bei $d = 0$ mm etwa 8 µs später auf als bei der Bmax-Anlage. Dies entspricht einer radialen Impaktgeschwindigkeit von lediglich ca. 170 m/s statt ca. 350 m/s.

2. Die Spaltschließzeit Δt_S im Bereich von 0 mm $\leq d \leq$ 4 mm fällt an der EmGen-Anlage deutlich geringer aus. Daraus ergeben sich eine höhere Schweißfrontgeschwindigkeit und ein kleinerer Kollisionswinkel.

3. Der kleinere Kollisionswinkel führt zu einem stärkeren Komprimieren und Aufheizen der Partikelwolke und dadurch zu einem besseren thermischen Aktivieren der Fügeflächen. Dies ermöglicht trotz der deutlich geringeren Impaktgeschwindigkeit ein Verschweißen am Versuchsaufbau mit dem EmGen-Pulsgenerator.

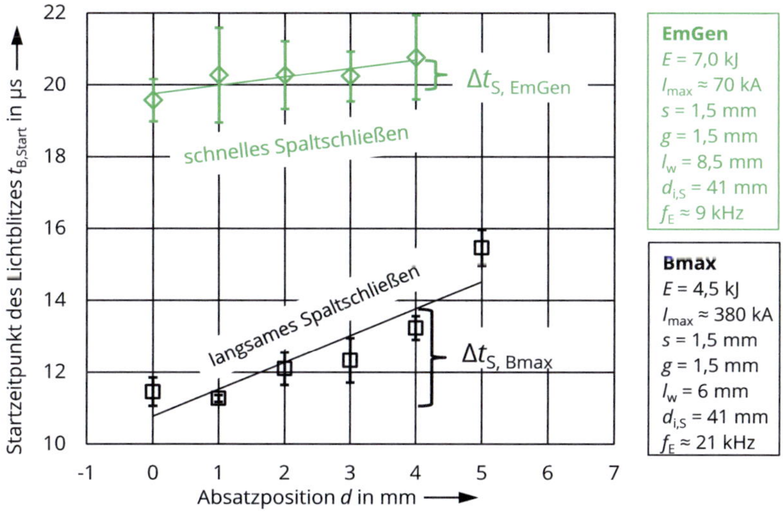

Abbildung 6.9: Mittelwerte der Startzeiten des Blitzes bei 90°, 180° und 270° für verschiedene Parent-Absatzpositionen *d* mit zwei Pulsgeneratoren an der jeweiligen unteren Prozessgrenze für ein umfängliches Verschweißen in Anlehnung an Bellmann et al. (2019e), (*n* = 1)

Nach den Schweißexperimenten erfolgen der Schertest und das Ausmessen der Schweißnahtlänge und –lage an den mit der EmGen-Anlage gefügten Proben. Die Ergebnisse in Abbildung 6.10 zeigen den frühesten Nahtbeginn bei 1,2 mm hinter dem initialen Impaktpunkt x, was sich mit Beobachtungen von Cuq-Lelandais et al. (2014) deckt. Das Verschieben der Impaktkante durch den Parameter d sorgt für einen späteren Schweißnahtbeginn. So kommt es beispielsweise für d = 2 mm erst nach weiteren 3 mm zur Schweißnahtausbildung. Ein Lichtblitz tritt bei allen Versuchen bis $d \leq 4$ mm auf und geht mit einem verschweißten Bereich einher. Unabhängig von der Länge dieses Bereiches führt diese Beobachtung zu der Schlussfolgerung, dass die Partikelwolke die Oberflächen aktiviert, die in Schweißrichtung vor dem Kollisionspunkt liegen.

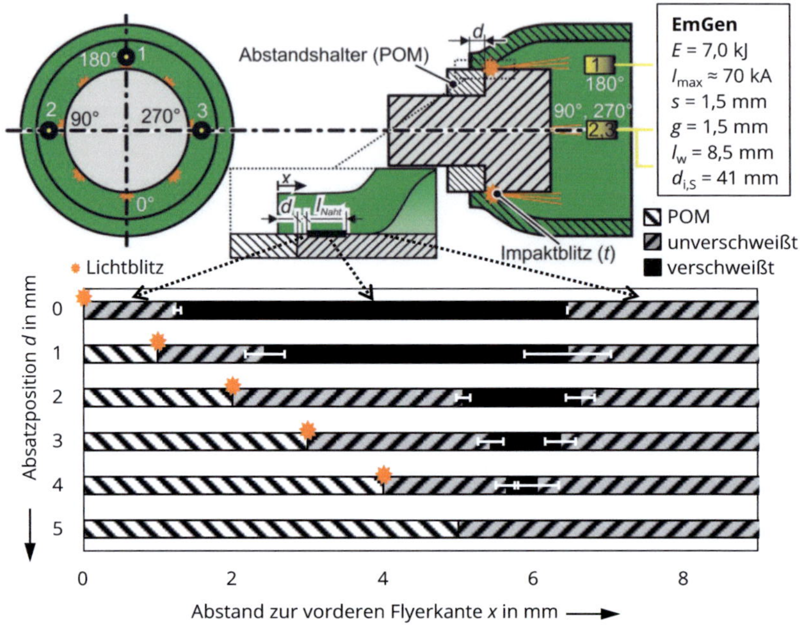

Abbildung 6.10: Mittelwerte des Schweißnahtbeginns und -endes an den Positionen 90°, 180°und 270° für verschiedene Parent-Absatzpositionen *d* für den EmGen-Pulsgenerator in Anlehnung an Bellmann et al. (2019e), (*n* = 1)

6.3 Zwischenfazit zu Kapitel 6

Die Versuchsdurchführung im Vakuum vereinfacht das Beobachten des Schweißprozesses, da Phänomene wie die Schockkompression der Umgebungsluft oder die Reaktion mit dem Luftsauerstoff nicht stattfinden. Langzeitbelichtungen des Fügespaltes in entgegengesetzter Richtung zum Abrollvorgang des Flyers belegen, dass selbst im Vakuum etwas existiert, das Licht emittiert. Dieses „etwas“ muss sich also bei der Hochgeschwindigkeitskollision ausbilden, da kein anderes Medium im Fügespalt zur Verfügung steht. Es handelt sich demnach um herausgeschlagene Partikel der metallischen Fügepartneroberflächen. Diese Partikel erhalten mit fortschreitender Abrollbewegung des Flyers auf der Parent-Oberfläche eine zunehmend höhere Temperatur und emittieren schließlich sogar Licht. Bei Versuchen mit der gleichen radialen Impaktgeschwindigkeit und somit ähnlicher kinetischer Energie der herausgelösten Partikel zeigt sich eine große Abhängigkeit der Erscheinungsform der leuchtenden Partikelwolke vom eingestellten Kollisionswinkel. Bei kleinen Kollisionswinkeln erfährt sie eine starke Kompression, kann sich auf ca. 8.000 K aufheizen und schlägt sich als fein dispers verteilter Metalldampf auf Wolfram-Stiften im hinteren Bereich des Fügespaltes nieder. Bei zu großen Kollisionswinkeln erfolgt eine geringere Kompression der Partikelwolke und sie heizt sich weniger auf. Die Partikel treten einzeln aus dem Fügespalt aus und hinterlassen sichtbare Einschlagkrater auf weichen Opferwerkstoffen, die sich direkt neben dem Fügespalt befinden. Das Verschweißen bei kleinen Kollisionswinkeln bzw. das Nichtverschweißen bei großen Kollisionswinkeln legt den Schluss nahe, dass die Beschaffenheit der Partikelwolke einen wichtigen Beitrag zum Schweißmechanismus leistet. Tritt sie als extrem heißer Metalldampf aus, hat sie die Oberflächen im Fügebereich thermisch derart aktiviert, dass ein Verschweißen stattfinden kann. Diese These spielt im folgenden Kapitel zum Schweißmodell eine entscheidende Rolle.

7 Schweißmodell

7.1 Unterscheidung von Schweißmechanismen

Die Ergebnisse des Kapitels 6 deuten darauf hin, dass die thermische Komponente beim Magnetpulsschweißen einen wichtigen Beitrag zum Schweißmechanismus leistet. Bisherige Modelle schätzen den Einfluss dieses Effekts geringer ein und schreiben etwaige aufgeschmolzene Bereiche den großen Drücken in der Fügezone zu (Bataev et al. 2017). Die folgenden Experimente belegen jedoch, dass auch bei geringen plastischen Deformationen infolge niedriger Impaktgeschwindigkeiten ein Verschweißen auftreten kann.

Eine erste Versuchsreihe dient zum Bestimmen der unteren Prozessgrenze. Dazu erfolgt eine schrittweise Erhöhung der Ladeenergie E, bis der manuelle Schältest eine umfängliche Schweißnaht bestätigt. Für den Versuchsaufbau mit dem Bmax-Pulsgenerator ermittelt dabei das PDV-Messsystem die minimal nötige radiale Impaktgeschwindigkeit $v_{i,r,min}$ an der 180°-Position. Sie liegt bei 340 m/s (Lueg-Althoff et al. 2018a). Abbildung 7.1 zeigt den Querschliff der zugehörigen Stelle mit kleinen Wellen in der Fügezone.

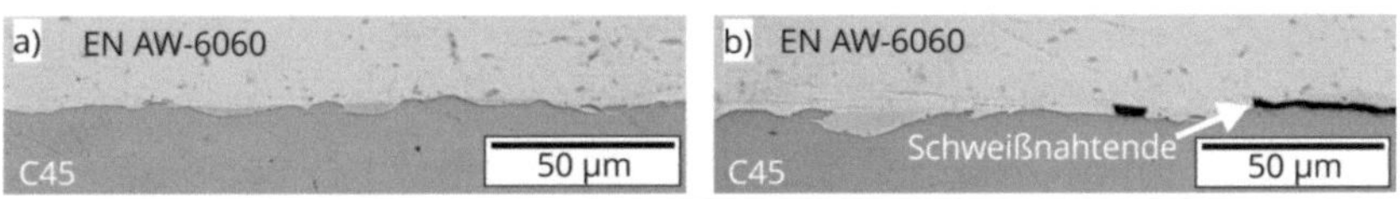

Bmax-Pulsgenerator, s = 1,5 mm, g = 1,5 mm, E = 5,8 kJ, I_{max} = 451 kA, $d_{i,S}$ = 42 mm, l_w = 6 mm, $v_{i,r}$ ~ 340 m/s mit PDV bestimmt

Abbildung 7.1: Querschliff einer verschweißten Probe mit kleinen Wellen (Schweißrichtung nach rechts): a) in der Mitte b) am Ende des verschweißten Bereichs in Anlehnung an Bellmann et al. (2019e)

Obwohl die benötigte Energie am Versuchsaufbau mit dem EmGen-Pulsgenerator höher ist als mit dem Bmax-Pulsgenerator, tritt ein Verschweißen bereits bei einer radialen Impaktgeschwindigkeit $v_{i,r,min}$ von ca. 290 m/s auf. Diese Beobachtung ist auf die Unterschiede beim Umformverhalten der Flyer zurückzuführen, welche wiederum von der Entladefrequenz abhängen, siehe Kapitel 8.1 und Lueg-Althoff et al. (2018a). Abbildung 7.2 belegt, dass die Schweißzone nahezu keine Wellen aufweist.

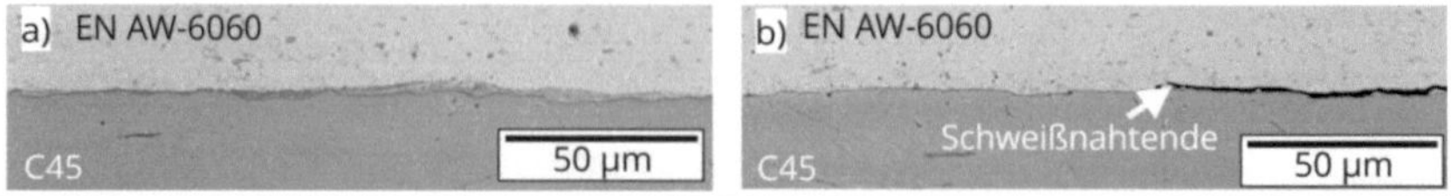

EmGen-Pulsgenerator, s = 1,5 mm, g = 1,5 mm, E = 22,7 kJ, I_{max} = 113 kA, $d_{i,S}$ = 41 mm, b_{Sp} = 15 mm, l_w = 6 mm, $v_{i,r}$ ~ 290 m/s aus Startzeit des Blitzes $t_{B,Start}$ = 12,6 µs berechnet

Abbildung 7.2: Querschliff einer verschweißten Probe mit flacher Fügezone (Schweißrichtung nach rechts): a) in der Mitte b) am Ende des verschweißten Bereichs in Anlehnung an Bellmann et al. (2019e)

Das Aufbringen einer 5 µm dicken Eloxalschicht auf die Flyer-Oberfläche verhindert zwar das Verschweißen mit dem EmGen-Pulsgenerator bei konstanter Ladeenergie, ermöglicht aber die Verdeutlichung des Werkstoffflusses. Abbildung 7.3 a) stellt die Eloxal-Bruchstücke dar, die sich immer noch an ihrer ursprünglichen Position befinden. In der Mitte der Schweißnaht erfolgte das Durchpressen von Flyer-Werkstoff in die Zwischenräume. Dieser Effekt tritt am Ende des Umformbereiches aufgrund der geringen Impaktgeschwindigkeit nicht mehr auf.

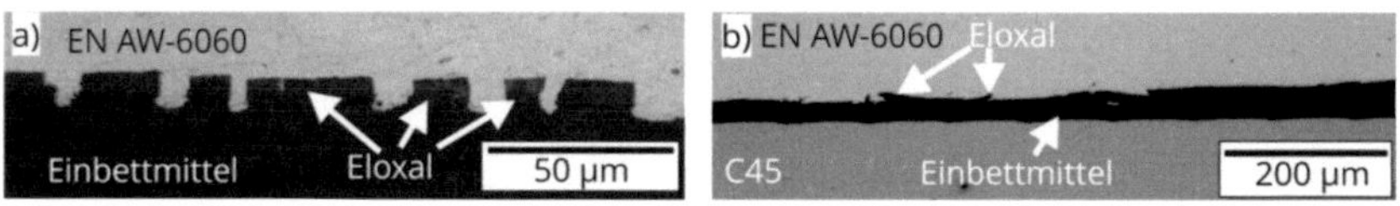

EmGen-Pulsgenerator, Aluminiumflyer 5 µm dick eloxiert, s = 1,5 mm, g = 1,5 mm, E = 22,7 kJ, I_{max} = 117 kA, $d_{i,S}$ = 41 mm, b_{Sp} = 15 mm, l_w = 6 mm, $v_{i,r}$ ~ 290 m/s aus Startzeit des Blitzes $t_{B,Start}$ = 12,6 µs berechnet

Abbildung 7.3: Querschliff einer nicht verschweißten Probe (Schweißrichtung nach rechts): a) in der Mitte aus Lueg-Althoff et al. (2018a) b) am Ende des Umformbereichs in Anlehnung an Bellmann et al. (2019e)

Der Bmax-Pulsgenerator erzeugt Flyer-Impaktgeschwindigkeiten von 460 m/s, welche die Eloxalschicht in der Schweißnahtmitte komplett entfernen und sogar das Ausbilden einer Schweißnaht zulassen, siehe Abbildung 7.4 a). Am Ende des anliegenden Flyer-Bereiches in Abbildung 7.4 b) belegen die in den Flyer-Werkstoff eingebetteten Eloxalbruchstücke den ausgeprägten Werkstofffluss in Form von „Zungen“. Dieses Phänomen kann bei Hochgeschwindigkeitskollisionen auftreten, wird als "Jet" bezeichnet und geht mit einem hohen Grad an plastischer Deformation und Oberflächenvergrößerung einher (Bergmann et al. 1966).

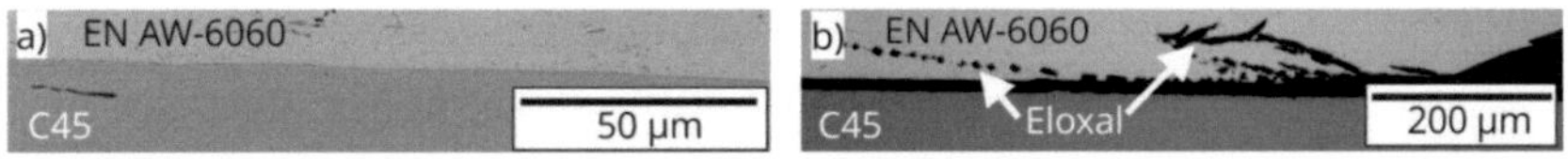

Bmax-Pulsgenerator, Aluminiumflyer 5 µm dick eloxiert, s = 1,5 mm, g = 2,0 mm, E = 9,6 kJ, I_{max} = 533 kA, $d_{i,S}$ = 42 mm, l_w = 6 mm, $v_{i,r}$ ~ 460 m/s mit PDV bestimmt

Abbildung 7.4: Querschliff einer verschweißten Probe (Schweißrichtung nach rechts): a) in der Mitte aus Bellmann et al. (2016a) b) am Ende des verschweißten Bereichs in Anlehnung an Bellmann et al. (2019e)

Die Experimente belegen, dass der Jet bei entsprechend hoher Impaktenergie sogar mehr Oberflächenpartikel als die nativen Oxidschichten entfernen kann. Seine Reinigungswirkung zum Beseitigen störender Schichten leistet deshalb einen wichtigen Beitrag zum Schweißmechanismus. Allerdings zeigen die Experimente mit deutlich niedriger Impaktgeschwindigkeit auch, dass selbst eine stark verminderter Werkstofffluss zum erfolgreichen Verschweißen führt, wenn keine dickeren Störschichten vorliegen. Diese Beobachtungen legen den Schluss nahe, dass es beim Kollisionsschweißen zwei verschiedene Schweißmechanismen gibt:

1. Große plastische Deformationen bei hohen Impaktgeschwindigkeiten führen zur Jetbildung und ermöglichen das Pressschweißen.
2. Geringere plastische Deformationen bei niedrigen Impaktgeschwindigkeiten resultieren nach einer ausreichenden Oberflächenaktivierung durch die heiße Partikelwolke im Schmelzschweißen, siehe Erkenntnisse in Kapitel 6.

Es besteht die Möglichkeit, dass innerhalb einer geschweißten Probe beide Mechanismen auftreten, da sich die Kollisionsbedingungen beim Flyer-Abrollvorgang ändern oder sich die Effekte teilweise überlagern. Es kann zum Beispiel vorkommen, dass die starke plastische Deformation nicht nur zum Pressschweißen, sondern der begleitende Materialstrom in Form des Jets auch zur Oberflächenaktivierung oder zum Anschmelzen führt (Hassani-Gangaraj et al. 2017). Die Untersuchungen in dieser Arbeit befassen sich jedoch vorrangig mit dem Prinzip des Schmelzschweißens, hervorgerufen durch die Oberflächenaktivierung der heißen Partikelwolke. Bereits 1982 vermutete Crossland, dass der Jet die Oberfläche der Fügepartner anschmelzen kann (Crossland 1982, S. 199). Der in dieser Arbeit hauptsächlich betrachtete Mechanismus auf Grundlage der heißen Partikelwolke funktioniert jedoch bei niedrigeren Flyer-Impaktgeschwindigkeiten, also am unteren Ende des Schweißparameterfensters.

Im Vergleich zum Pressschweißen mit höheren Impaktgeschwindigkeiten bzw. mechanischen Energien können dadurch die mechanische und thermische Spulenbelastung gesenkt und die Lebensdauer der Umformwerkzeuge gesteigert werden.

7.2 Zwischenfazit zu den experimentellen Ergebnissen

Die bisherigen Experimente haben gezeigt, dass:

1. Bereits die Kollision bei vergleichsweise niedrigen Impaktgeschwindigkeiten von 170 m/s an der EmGen-Versuchsanordnung in Kapitel 6.2 Partikel aus den Oberflächen der Fügepartner heraus schlägt,
2. Kleine Kollisionswinkel zum Komprimieren und Aufheizen der sich bildenden Partikelwolke im Fügespalt auf bis zu 8.000 K führen können,
3. Der heiße und fein dispers verteilte Metalldampf auch in Schweißrichtung weiter vorn liegende Bereiche des Fügespalts thermisch aktiviert und dort ein Verschweißen ermöglicht, wo sich aufgrund der niedrigeren Aufprallenergie keine Partikelwolke gebildet hätte,
4. Unmittelbar neben dem initialen Impaktort kein Verschweißen auftritt, weil dort die Oberflächen aufgrund des zu geringen Wärmeeintrages durch die sich bildende Partikelwolke noch nicht ausreichend aktiviert sind, siehe Abbildung 6.10.
5. Der vom Fügespalt ausgehende Lichtblitz eine notwendige, aber keine hinreichende Schweißbedingung darstellt.

Aus diesen Beobachtungen ergibt sich die zeitliche Einordnung der verschiedenen Effekte beim Magnetpulsschweißen. Zuerst muss sich durch die Hochgeschwindigkeitskollision eine Partikelwolke ausbilden, danach durch Kompression im enger werdenden Fügespalt genügend aufheizen und diesen anschließend in Schweißrichtung verlassen. Bei einer ausreichenden Partikelwolkentemperatur führt dies zur thermischen Aktivierung der zu fügenden Oberflächen. Die fortschreitende Flyer-Abrollbewegung sorgt letztendlich für das Aufeinanderpressen der Fügepartner.

Nach den Modellvorstellungen des Schmelzschweißens in Anlehnung an Ghosh et al. (2018) kann ein Verschweißen überall dort auftreten, wo die geschmolzenen Fügepartneroberflächen in Kontakt kommen und erstarren, bevor Rückfederungseffekte sie wieder voneinander trennen. Das folgende Kapitel beschreibt einige damit verbundene metallurgische Effekte, die in der Fügezone auftreten können.

7.3 Metallurgische Effekte

Für ein erfolgreiches Schmelzschweißen muss die Andrückdauer zwischen den Fügepartnern größer sein als die Erstarrungszeit des Schmelzbades. Die Erstarrungszeit hängt unter anderem von der Wärmeleitfähigkeit der beteiligten Werkstoffe ab, wie von Hassani-Gangaraj et al. (2018) beim Verschweißen einzelner Partikel auf einer Oberfläche gezeigt wurde. Der Nachweis der Schmelzbereiche in der Fügezone realer Bauteile erfolgte für das Werkstoffsystem Aluminium-Kupfer bereits durch Göbel et al. (2010) und für das Werkstoffsystem Aluminium-Magnesium durch Stern et al. (2014). Für das in dieser Arbeit thematisierte Legierungssystem EN AW-6060 und C45 existieren jedoch noch keine metallurgischen Analysen. Die folgenden Ausführungen beziehen sich daher auf dieses konkrete Stoffsystem und liefern die Eingangsgrößen für das temperaturbasierte Schweißmodell.

Die Morphologie der wellenförmigen Grenzschicht ändert sich in Schweißrichtung aufgrund der transienten Kollisionsbedingungen, siehe Abbildung 7.5 und Abbildung 7.6. Die Höhe der Wellen und die Mischzonen am Übergang zwischen Stahl und Aluminium vergrößern sich innerhalb der Positionen bei 1 bzw. 2 mm hinter dem Schweißnahtbeginn. Die Abbildungsteile a) markieren jeweils die Positionen von zehn parallelen Linienscans zur Elementbestimmung mittels energiedispersiver Röntgenspektroskopie (EDS), die Bildteile b) stellen die zugehörigen Mittelwerte dar. An der Position 1 mm hinter dem Schweißnahtbeginn tritt der Übergang zwischen den Mittelwertsverläufen der Elemente annähernd linear zwischen $0\ \mu m < z < 1\ \mu m$ auf. Dieses Verhalten hängt mit dem Aktivierungsvolumen bei EDS-Messungen zusammen und bildet möglicherweise nicht die reale Elementverteilung in diesem schmalen Bereich ab. Für Werte $z > 1\ \mu m$ stellen die dargestellten Kurven die realen Elementverteilungen dar, da sich ein Plateau ausbildet und entlang der Schweißnaht breiter wird. Bereits nach einem weiteren Millimeter besitzt die annähernd homogene Übergangszone eine Dicke von ca. 5 µm und besteht zu 80 Gewichtsprozent aus Aluminium und 20 Gewichtsprozent aus Eisen (Bellmann et al. 2018a). Je weiter entfernt die betrachtete Position vom initialen Impaktpunkt liegt, desto länger kann die heiße Partikelwolke auf die Oberflächen einwirken, bevor sie in Kontakt geraten. Dementsprechend höher fallen die eingebrachte Energie, die resultierenden Oberflächentemperaturen und die Größe der Mischzone aus, in der je nach Werkstoffkombinationen zusätzlich exotherme Reaktionen ablaufen können und thermische Energie freisetzen.

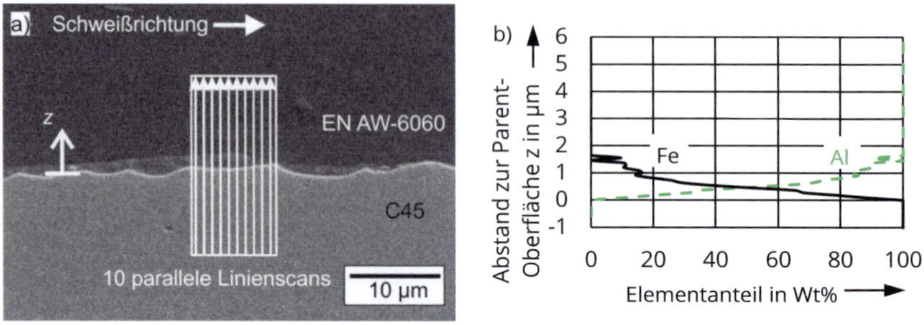

Abbildung 7.5: **a) Sekundärelektronenbild 1 mm hinter dem Schweißnahtbeginn, b) Mittelwert der Elementverteilungen der 10 Linienscans senkrecht zur Stahloberfläche in Anlehnung an Bellmann et al. (2019c) zeigen schmalen Durchmischungsbereich**

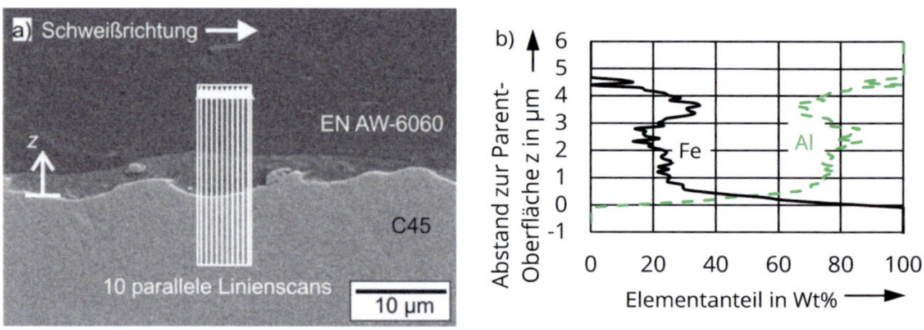

Abbildung 7.6: **a) Sekundärelektronenbild 2 mm hinter dem Schweißnahtbeginn, b) Mittelwert der Elementverteilungen der 10 Linienscans senkrecht zur Stahloberfläche in Anlehnung an Bellmann et al. (2019c) zeigen breiten Durchmischungsbereich**

Aus den Beobachtungen folgt, dass die Temperatur eine wichtige Rolle im Fügemechanismus spielt. Die Flyer-Vorderkante muss zwar für die Entstehung der Partikelwolke mit einer Mindestimpaktgeschwindigkeit auf den Fügepartner treffen, aber im eigentlichen Schweißbereich dominieren thermische Effekte die stoffschlüssige Verbindungsausbildung. Als Erklärung dafür dient die Tatsache, dass die Dicke der durchmischten Zone zwischen beiden Werkstoffen zunimmt, obwohl die radiale Aufprallgeschwindigkeit und damit auch der Fügedruck in Schweißrichtung abnehmen. An dieser Stelle sei angemerkt, dass bedingt durch den größer werdenden Kollisionswinkel am Ende der Fügezone auch die Konzentration der Partikelwolke und folglich die Breite der Durchmischungszone wieder abnimmt, bis schließlich der Bereich ohne Anbindung beginnt. Im Schweißparameterfenster in Abbildung 2.6 entspricht dies einer

Verlagerung der kinetischen Kollisionsbedingungen in Richtung größerer Kollisionswinkel und kleinerer Kollisionspunktgeschwindigkeiten.

Die folgenden Kapitel greifen die metallurgischen Ergebnisse in der Schweißnahtmitte nochmals auf und nutzen sie als Eingangsgrößen für das Erstellen des temperaturbasierten Schweißmodells.

7.4 Aufbau des temperaturbasierten Schweißmodells

Die numerischen Berechnungen verfolgen das Ziel, das Aufheizen und Abkühlen der Fügepartneroberflächen ab dem Beginn der thermischen Aktivierung durch die heiße Partikelwolke abzuschätzen und die Möglichkeit des Schmelzschweißens vorherzusagen. Die mittels RGB-Farbwertermittlung gemessenen Temperaturen der Partikelwolke im Fügespalt liegen deutlich oberhalb der Schmelztemperaturen der beteiligten Fügepartner, siehe Kapitel 6.1. Das Abschätzen des Energieeintrages auf dieser Grundlage gestaltet sich jedoch aufgrund der unbekannten Dichte und Wärmeübergangskoeffizienten der heißen Partikelwolke zu den Fügepartneroberflächen schwierig. Stattdessen dient das in Querschliffen gemessene Volumen von geschmolzenem Flyer- und Parent-Werkstoff als Richtwert für den Wärmeeintrag in die Fügezone, analog zu Zakharenko und Sobolenko (1971). Weiterhin bildet die kinetische Energie des Flyers eine globale Obergrenze des Energieeintrages.

Außerdem liegen dem Modell folgende Annahmen zugrunde:

1. Bevor sich die Fügepartner berühren, stellt die thermische Energie der Partikelwolke die einzige Wärmequelle dar. Die Wärmeentwicklung durch plastische Deformation vor und während der Kollision bleibt unberücksichtigt, da sie verglichen mit der Partikelwolke nur ein Viertel zur Temperaturerhöhung in der Fügezone beiträgt (Ben-Artzy et al. 2008).
2. Bedingt durch die kleinen Kollisionswinkel verteilt sich die Wärme gleichmäßig auf beide Fügepartneroberflächen. Der Einfluss von Oberflächenrauigkeiten bleibt unberücksichtigt.
3. Zum Kontaktzeitpunkt treten die Werkstoffe nur in der festen und flüssigen Phase auf. Falls an den Oberflächen Werkstoff verdampft, presst der sich schließende Fügespalt dieses Gas zusammen mit der Partikelwolke nach außen.
4. Die Temperaturabhängigkeit der Werkstoffdichte, Wärmekapazität und Wärmeleitfähigkeit bleibt in den Simulationen unberücksichtigt.

Das Berechnen der zeitabhängigen Werkstücktemperaturen erfolgt mit einem eindimensionalen Modell in Dickenrichtung der Fügepartner mit der kommerziellen Software COMSOL Multiphysics (Version 5.2). Es bildet die initiale Kollision, das Ausbilden und Ausbreiten der Partikelwolke sowie das Fortschreiten des Kollisionspunktes C in vereinfachter Weise ab. Der Vergleich der Oberflächentemperaturen für verschiedene Kontaktzeitpunkte ermöglicht indirekt Aussagen zum Einfluss der zweiten Dimension des Modells in Schweißrichtung. Abbildung 7.7 stellt sowohl diese drei Prozessschritte (a-c) während des Magnetpulsschweißens, als auch die Implementierung in der Software dar.

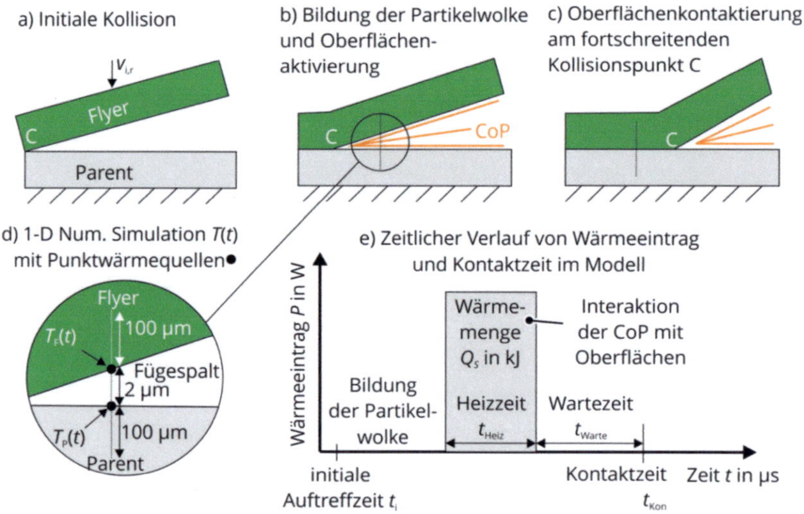

Abbildung 7.7: a)-c) Prozessschritte während des MPW, d) Abmessungen am eindimensionalen Modell und e) Modellaufbau mit zeitlichen Verläufen in Anlehnung an Bellmann et al. (2019e)

In das Modell fließt anstelle der eigentlichen Partikelwolkenbildung nur dessen Wärmeeintrag in beide Fügepartneroberflächen ein. Außerdem beträgt der Abstand an dem analysierten Punkt zwischen Flyer und Parent 2 µm und bleibt während des simulierten Fügevorgangs konstant, siehe Bildteil d). Um dennoch einen bewegten Kollisionspunkt durch das Modell zu realisieren, erfolgt während der mittleren Prozessphase kein Wärmetransport innerhalb des Spaltes. Zum Kontaktzeitpunkt t_{Kon} bekommt die Wärmeleitfähigkeit des Spaltes einen extrem hohen Wert von 10^{10} W/(mK) zugewiesen. Diese Vorgehensweise bildet den real auftretenden, engen Kontakt zwischen den Fügepartnern ab, ohne bewegte Bauteile oder Neuvernetzungen zu implementieren. Abbildung 7.7 e) zeigt den zeitlichen Verlauf des Wärmeeintrages P und den Kontaktzeitpunkt t_{Kon}. Die gewählten Zeitschritte für die numerischen Simulationen betragen 0,02 µs für 0 µs ≤ t ≤ 10 µs und 0,5 µs für 10,5 µs ≤ t ≤ 100 µs. Die Elementgröße von 0,1 µm lässt eine detaillierte Untersuchung der Temperaturverteilung in unmittelbarer Nähe zur Schweißnaht zu. Aufgrund des eindimensionalen Modellcharakters bekommen die Wärmequellen an den zwei definierten Punkten in Abbildung 7.7 d) eine Oberflächendichte und damit die Einheit J/m^2 zugewiesen.

Der Modellaufbau ermöglicht es, den Einfluss verschiedener Wärmemengen Q_S, Aufheizdauern t_{Heiz}, Wartezeiten t_{Warte} zwischen dem Ende der Wärmeeinbringung und dem Kontaktzeitpunkt, sowie verschiedene Werkstoffkombinationen zu untersuchen. Tabelle 7.1 listet die dafür eingesetzten Werkstoffparameter auf. Die Kenntnis der Schmelzenthalpien ermöglicht eine realistische Abschätzung der Temperaturen unter Berücksichtigung der Umwandlung zwischen der festen und flüssigen Phase.

Tabelle 7.1: Werkstoffspezifische Werte (für die Simulation als temperaturunabhängig angenommen)

Physikalische Größe		Einheit	EN AW-6060	C45	Kupfer
Dichte	ρ	kg/m^3	2700 [1]	7700 [3]	8960 [5]
Wärmekapazität	c	J/kgK	898 [1]	470 [3]	390 [5]
Wärmeleitfähigkeit	k	W/mK	210 [1]	42,6 [3]	384 [5]
Schmelztemperatur	T_l	°C	659 [2]	1536 [4]	1083 [5]
Siedetemperatur	T_g	°C	2467 [2]	3070 [4]	2595 [5]
Schmelzenthalpie	ΔH_l	kJ/kg	356 [2]	276 [4]	213 [5]

[1] (Bikar-Metalle GmbH 2019), [2] Aluminium (Fischer 2008), [3] (Deutsche Edelstahlwerke 2011), [4] Eisen (Fischer 2008), [5] (Fischer 2008)

Das temperaturbasierte Modell für das Magnetpulsschweißen löst die Wärmeleitungsgleichung und berücksichtigt dabei die Wärmezufuhr durch die Partikelwolke und die Wärmeabfuhr in die kalten und verschiedenartigen Grundwerkstoffe. Durch den berechenbaren Temperatur-Zeit-Verlauf lassen sich die beiden Bedingungen für ein Schmelzschweißverfahren überprüfen, die das Vorliegen flüssiger Phasen an den Oberflächen zum Kontaktzeitpunkt und das rechtzeitige Erstarren beinhalten.

7.5 Einfluss der thermischen und kinetischen Prozessbedingungen

Das Abschätzen der eingebrachten Wärmeenergie aus der heißen Partikelwolke gestaltet sich schwierig, da weder der Wärmeübergangskoeffizient, noch die Dichte der Partikelwolke bekannt sind. Stattdessen ermöglicht die metallurgische Analyse eine Abschätzung des Wärmeeintrages und liefert damit eine wichtige Eingangsgröße für das temperaturbasierte Modell. Dazu erfolgt die Bestimmung des Volumens des geschmolzenen Flyer- und Parent-Werkstoffs in den präparierten Querschliffen. Wie bereits im Kapitel 7.3 beschrieben und in Abbildung 7.8 dargestellt, hängen diese Werte von den vorliegenden Kollisionsbedingungen entlang der Schweißnahtausbildung ab. Am Anfang der Schweißnaht bildet sich eine nahezu ebene Fügezone aus, während die Wellenhöhe in Schweißrichtung immer weiter zunimmt.

Zum Bestimmen der Schmelzvolumina spielt es keine Rolle, welche Wellenbildungstheorie zugrunde liegt. Die Fläche der „Tasche" in Abbildung 7.8 d) entspricht einer gleichmäßigen Schichtdicke von ca. 6 µm. In diesem Bereich liegen 80 Masseprozent Aluminium und 20 Masseprozent Eisen vor. Ausgehend von diesem Verhältnis erfolgt die Berechnung der angeschmolzenen Masse Aluminium m_{Al} pro Fläche A mit den Gleichungen 7.1 bis 7.6. Dabei stellt b die äquivalente Dicke der geschmolzenen Schicht dar, m die Masse, V das Volumen und ρ die Dichte von Aluminium, Eisen bzw. beiden Elementen. Tabelle 7.1 listet die verwendeten Werkstoffparameter auf, wobei der Index Al den Flyer-Werkstoff EN AW-6060 beschreibt und Fe den Parent-Werkstoff C45.

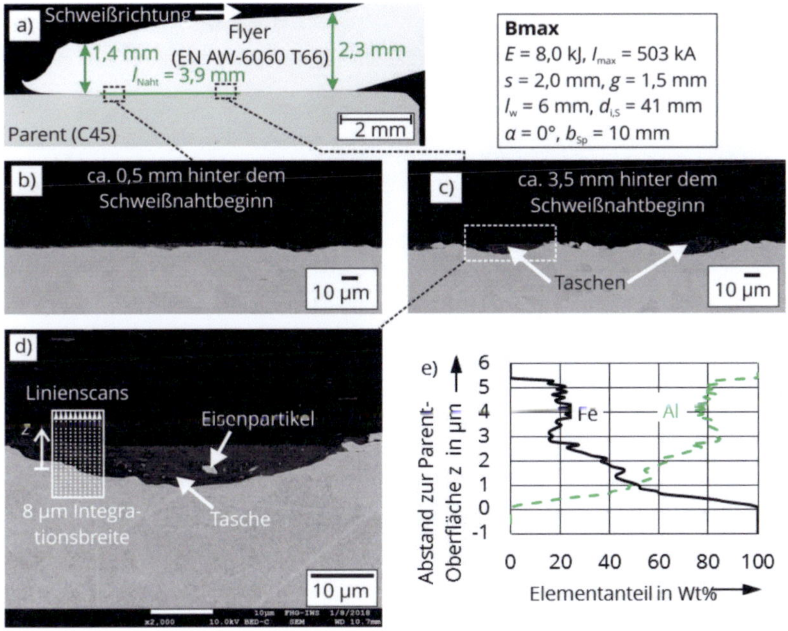

Abbildung 7.8: **a) Querschliff der Fügezone, b)-d) Sekundärelektronenbilder der Fügezone und e) durchschnittliche Elementverteilung senkrecht zur Parent-Oberfläche in einer Tasche in Anlehnung an Bellmann et al. (2019e)**

$$\frac{m_{\mathrm{Al}}}{m} = \frac{m_{\mathrm{Al}}}{m_{\mathrm{Al}} + m_{\mathrm{Fe}}} = 0{,}8 \tag{7.1}$$

$$m_{\mathrm{Fe}} = \left(\frac{1}{0{,}8} - 1\right) \cdot m_{\mathrm{Al}} \tag{7.2}$$

$$V = V_{\mathrm{Al}} + V_{\mathrm{Fe}} = \frac{m_{\mathrm{Al}}}{\rho_{\mathrm{Al}}} + \frac{m_{\mathrm{Fe}}}{\rho_{\mathrm{Fe}}} = \frac{m_{\mathrm{Al}}}{\rho_{\mathrm{Al}}} + \left(\frac{1}{0{,}8} - 1\right) \cdot \frac{m_{\mathrm{Al}}}{\rho_{\mathrm{Fe}}} \tag{7.3}$$

$$m_{\mathrm{Al}} = \frac{V}{\frac{1}{\rho_{\mathrm{Al}}} + \frac{\frac{1}{0{,}8} - 1}{\rho_{\mathrm{Fe}}}} \tag{7.4}$$

$$V = b \cdot A \tag{7.5}$$

$$\frac{m_{\mathrm{Al}}}{A} = \frac{b}{\frac{1}{\rho_{\mathrm{Al}}} + \frac{\frac{1}{0{,}8} - 1}{\rho_{\mathrm{Fe}}}} = 14{,}9\ \frac{\mathrm{g}}{\mathrm{m}^2}\ \left(\frac{m_{\mathrm{Fe}}}{A} = 3{,}72\ \frac{\mathrm{g}}{\mathrm{m}^2}\right) \tag{7.6}$$

Die Gleichungen 7.7 und 7.8 berücksichtigen die Schmelzenthalpie ΔH_l und ermöglichen schließlich die Berechnung des maximalen flächenbezogenen Wärmeeintrages Q_{Al}/A für das Schmelzen von Aluminium mit einer temperaturunabhängigen Wärmekapazität c.

Das Modell geht davon aus, dass die Oberflächentemperaturen zum Kontaktzeitpunkt maximal die Siedetemperaturen der beteiligten Werkstoffe erreichen. Für den Fall, dass der Wärmeeintrag vor dem Aufeinanderpressen zu höheren Temperaturen führt, entweicht die sich bildende Partikelwolke aus dem Fügespalt.

$$\frac{Q_{\mathrm{Al}}}{A} = \frac{m_{\mathrm{Al}}}{A} \cdot (c_{\mathrm{Al}} \cdot \Delta T \cdot \Delta H_{\mathrm{l}}) = 38{,}7\ \frac{\mathrm{kJ}}{\mathrm{m}^2} \left(\frac{Q_{\mathrm{Fe}}}{A} = 6{,}2\ \frac{\mathrm{kJ}}{\mathrm{m}^2}\right) \qquad 7.7$$

$$\Delta T[K] = T_{\mathrm{g}} - 20°C \qquad 7.8$$

Der Gesamtwärmeeintrag Q pro Fläche ergibt sich aus Gleichung 7.9 und stimmt gut mit vorherigen Veröffentlichungen überein (Zakharenko und Sobolenko 1971).

$$\frac{Q}{A} = \frac{Q_{\mathrm{Al}}}{A} + \frac{Q_{\mathrm{Fe}}}{A} = 44{,}9\ \frac{\mathrm{kJ}}{\mathrm{m}^2} = 2\frac{Q_S}{A} \qquad 7.9$$

Die kinetische Energie eines Flyers mit der Wandstärke von 1,5 mm und einer radialen Impaktgeschwindigkeit $v_{i,r}$ von 340 m/s wie in Abbildung 7.1 dargestellt ergibt sich aus Gleichung 7.10. Der berechnete Wärmeeintrag pro Fläche beträgt somit in etwa ein Fünftel der exemplarisch gewählten kinetischen Flyer-Energie und dient als Obergrenze im eindimensionalen thermodynamischen COMSOL Modell. Er verteilt sich im Modell gleichmäßig auf beide Oberflächen, sodass jeweils die halbe Wärmemenge Q_S in die Aluminium- bzw. Stahloberfläche gelangt.

$$\frac{E_{\mathrm{kin}}}{A} = \frac{s}{2} \cdot \rho_{\mathrm{Al}} \cdot {v_{\mathrm{i,r}}}^2 = 234{,}1\ \frac{\mathrm{kJ}}{\mathrm{m}^2} \qquad 7.10$$

Die folgenden Ausführungen beschreiben den Einfluss einiger Parameter für die numerische Simulation auf die zeitabhängigen Oberflächentemperaturen der Fügepartner. Jedes Diagramm zeigt zu Vergleichszwecken die Ergebnisse des Referenzversuches mit den Parametern in Tabelle 7.2. Der Wärmeeintrag geschieht dabei innerhalb von 0,5 µs, gefolgt vom sofortigen Kontakt der beiden Fügepartner.

Tabelle 7.2: Parameter des Referenzversuches

Physikalische Größe		Einheit	Wert
Flächenbezogener Wärmeeintrag in jeden Fügepartner	Q_S/A	kJ/m^2	22,45
Aufheizdauer	t_{Heiz}	µs	0,5
Wartezeit	t_{Warte}	µs	0
Flyer-Werkstoff	-	-	EN AW-6060
Parent-Werkstoff	-	-	C45
Berücksichtigung der Schmelzenthalpien	-	-	ja

Die Simulationsergebnisse in Abbildung 7.9 verdeutlichen die Effekte, die durch die Berücksichtigung der Schmelzenthalpien bei der Umwandlung zwischen fester und flüssiger Phase auftreten.

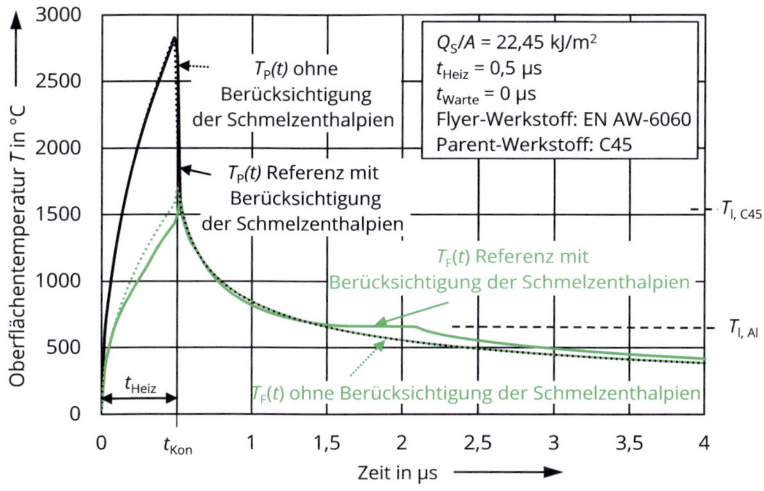

Abbildung 7.9: Langsameres Abkühlen der Flyer- und Parent-Oberfläche ($T_F(t)$ bzw. $T_P(t)$) im Referenzversuch durch Berücksichtigen der Schmelzenthalpien in Anlehnung an Bellmann et al. (2019e)

Die Oberflächentemperaturen in der Aufheizphase verlaufen zwar annähernd identisch, unterscheiden sich aber deutlich in der Abkühlphase. Die Unterschiede treten ca. 1 µs nach dem Kontakt t_{Kon} beim Erreichen des Schmelzpunktes von Aluminium auf. Die Oberflächentemperatur stagniert ca. 0,6 µs lang auf diesem Niveau und sinkt erst dann weiter ab. Treten bereits innerhalb dieser Zeitspanne ausreichend große Zugkräfte durch Rückfederungseffekte oder elastische Stoßwellen auf, erfolgt die Trennung beider Fügepartner. Kapitel 8.5 beschreibt eine Variante zum Reduzieren der Rückfederungseffekte, womit sich Schweißparameterfenster einfacher ermitteln lassen.

Die Temperaturverläufe im Inneren der Fügepartner sind in Abbildung 7.10 für den Kontaktzeitpunkt und 0,1 µs danach dargestellt. Nach Abzug der für die Modellierung gewählten halben Fügespaltbreite von 1 µm ergibt sich zum Kontaktzeitpunkt für den C45-Fügepartner eine angeschmolzene Tiefe von ca. 1,5 µm, während der Aluminium-Werkstoff bis ca. 5 µm Tiefe in die flüssige Phase übergeht. Das Elementverhältnis stimmt gut mit den Messwerten der Röntgenspektroskopie überein. Das gemessene Volumen der Schmelztaschen bzw. die äquivalente Dicke sind etwas kleiner als die Summe der angeschmolzenen Oberflächen im Modell, da die forstschreitende Kollisionsfront beim Magnetpulsschweißen einen Teil der Schmelze aus dem Fügespalt drückt.

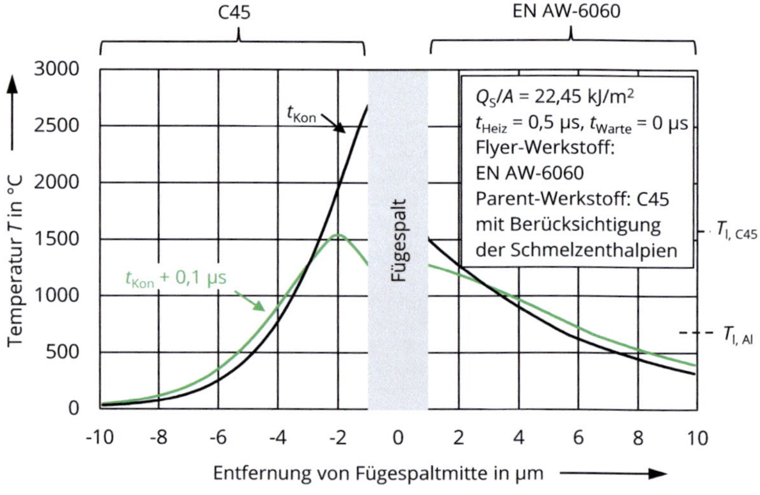

Abbildung 7.10: Abkühlverhalten der Fügepartner in Tiefenrichtung im Referenzversuch zum Kontaktzeitpunkt t_{Kon} und 0,1 µs danach

Das Reduzieren der eingebrachten Wärmemenge Q_S/A auf 9,1 kJ/m² in Abbildung 7.11 entspricht der ermittelten Untergrenze in den analytischen Abschätzungen zum Schmelzvolumen in der Fügezone. Dieser Wert führt nicht zum Erreichen der Schmelztemperatur von Stahl, sodass kein Schmelzschweißen vorliegen kann.

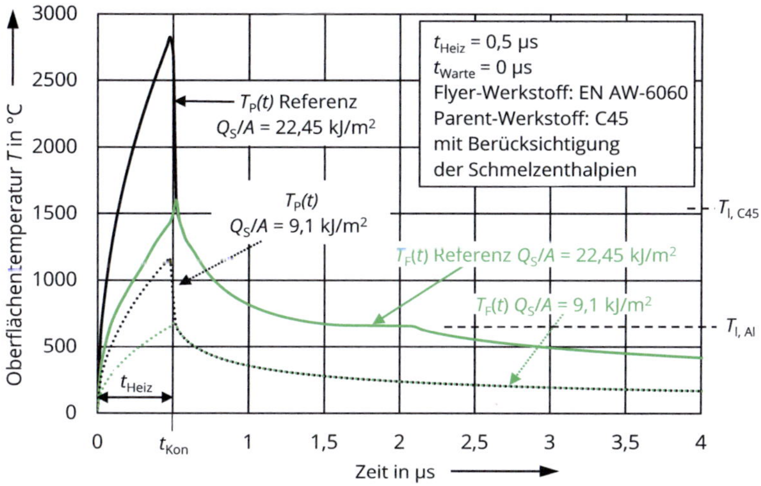

Abbildung 7.11: Geringeres Aufheizen der Flyer- und Parent-Oberfläche ($T_F(t)$ bzw. $T_P(t)$) bei einem reduzierten Wärmeeintrag von 9,1 kJ/m² an jedem Fügepartner im Vergleich zum Referenzversuch in Anlehnung an Bellmann et al. (2019e)

Die Aufheizdauer t_{Heiz} entspricht der Zeit, in der die Partikelwolke Wärme an die Fügepartneroberflächen abgibt. Da sie sich experimentell nur schwer erfassen lässt, helfen die numerischen Simulationen beim Beurteilen ihres Einflusses. Abbildung 7.12 verdeutlicht, dass eine Erhöhung der Aufheizdauer bei der gleichen eingebrachter Wärmemenge zu niedrigeren Maximaltemperaturen an den Fügepartneroberflächen nach der Aufheizdauer führt. Trotzdem liegen die Temperaturen der Fügepartneroberflächen zum Kontaktzeitpunkt t_{Kon} auch in diesem Fall oberhalb der Schmelztemperaturen und zeigen ein ähnliches Abkühlverhalten wie der Referenzversuch.

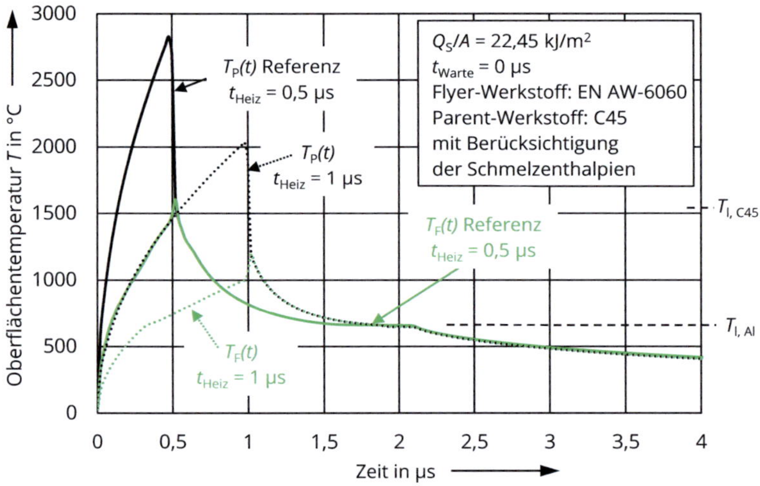

Abbildung 7.12: Geringeres Aufheizen der Flyer- und Parent-Oberfläche ($T_F(t)$ bzw. $T_P(t)$) bei einer verlängerten Aufheizzeit von 1 µs im Vergleich zum Referenzversuch in Anlehnung an Bellmann et al. (2019e)

Die Wartezeit t_{Warte} zwischen dem Ende der Aufheizphase und der Kontaktzeit t_{Kon} beeinflusst den Temperaturverlauf der Fügepartneroberflächen in großem Maße. Die numerisch ermittelte Abkühlrate der Stahloberfläche beträgt 10^9 K/s, sodass die Erstarrung bereits 0,3 µs nach dem Aufheizen erfolgt. Abbildung 7.13 verdeutlicht, dass ein Schmelzschweißeffekt bei einer Wartezeit zwischen 1 µs und 2 µs nicht mehr auftreten kann, weil die Stahloberfläche bei t_{Kon1} bzw. t_{Kon2} bereits in der festen Phase vorliegt. Bei dieser Werkstoffkombination müssen demnach die Fügepartneroberflächen sofort nach dem Aufheizen in Kontakt kommen, damit der Schmelzschweißmechanismus auftreten kann. Dies entspricht kurzen Spaltschließzeiten Δt_S, kleinen Kollisionswinkeln oder auch hohen Schweißfrontgeschwindigkeiten v_c. Wie bereits in Kapitel 6 erläutert, gehen diese Versuchsbedingungen mit einer starken Kompression und Aufheizung der Partikelwolke im Fügespalt einher, was wiederrum den Wärmeeintrag in die Fügepartneroberflächen erhöht.

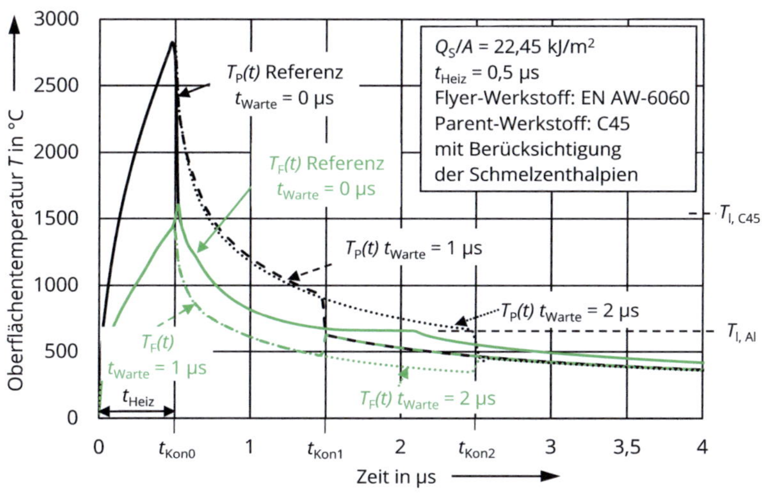

Abbildung 7.13: Zum Kontaktzeitpunkt erstarrte Flyer- und Parent-Oberflächen ($T_F(t)$ bzw. $T_P(t)$) durch verlängerte Wartezeit von 1 µs und 2 µs im Vergleich zum Referenzversuch ohne Wartezeit in Anlehnung an Bellmann et al. (2019e)

Abbildung 7.14 stellt den letzten Teil der Simulationen dar, der sich mit dem Einfluss des Flyer-Werkstoffs beschäftigt. Theoretisch ermöglichen sowohl der Einsatz von Kupfer als auch von C45 ein Schmelzschweißen. Die Oberflächentemperatur des Flyers aus Kupfer erreicht zum Kontaktzeitpunkt t_{Kon} Werte oberhalb der Schmelztemperatur und sinkt anschließend bedingt durch die gute Wärmeleitfähigkeit rasch ab. Die gleichartige Werkstoffkombination C45 erfüllt ebenfalls die Bedingung für ein Schmelzschweißen. Allerdings weisen beide Fügepartner eine höhere Härte auf, sodass die Bildung der Partikelwolke für einen ähnlichen Wärmeeintrag wie im Referenzversuch eine höhere Impaktgeschwindigkeit erfordern würden. Um für das Verschweißen solcher Werkstoffkombinationen möglichst wenig Energie einzusetzen, empfiehlt sich der Einsatz weicher Zwischenschichten (Yablochnikov 2006). Diese führen bereits bei niedrigeren Impaktgeschwindigkeiten zu einer ausreichenden Partikelwolkenbildung.

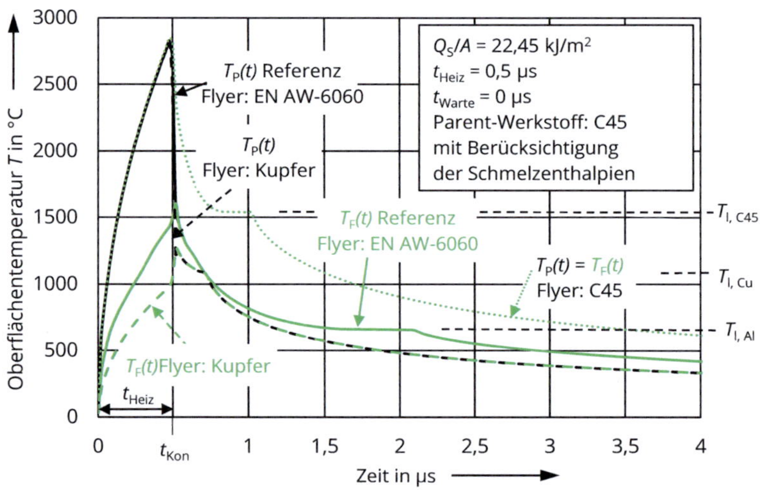

Abbildung 7.14: Langsameres bzw. schnelleres Abkühlen der Flyer- und Parent-Oberflächen ($T_F(t)$ bzw. $T_P(t)$) beim Verwenden eines C45- bzw. Kupfer-Flyers im Vergleich zum Referenzversuch in Anlehnung an Bellmann et al. (2019e)

7.6 Zwischenfazit zu den numerischen Ergebnissen

Die numerischen Simulationen zeigen, dass für einen Schmelzschweißprozess beim Magnetpulsschweißen:

1. Ein ausreichender Wärmeeintrag durch die ausströmende Partikelwolke vorliegen muss und
2. Die Wartezeit zwischen Aufheizen und Aufeinanderpressen der Fügeflächen nicht zu lang sein darf.

Die Aufheizdauer spielt hingegen nur eine untergeordnete Rolle. Sie hängt von der Ausströmgeschwindigkeit der Partikelwolke ab und lässt sich experimentell nur sehr schwer bestimmen. Die Geschwindigkeit muss über einem bestimmten Wert liegen, da sonst die erforderlichen Kompressions- und Aufheizeffekte nicht in dem notwendigen Maße auftreten.

Das Modell belegt, dass ein Schmelzschweißprozess nur erfolgen kann, wenn sich der Fügespalt ausreichend schnell schließt und die an der Oberfläche flüssigen Fügepartner in Kontakt treten. Es erlaubt außerdem die Bestimmung der Erstarrungszeit, bis zu der keine Zugkräfte auf die Fügezone durch Rückfederungseffekte o. ä. wirken dürfen. Diese Zeitspanne hängt von den Wärmeleitfähigkeiten und den Schmelztemperaturen der beteiligten Werkstoffe ab. Der Wärmeeintrag in die Oberflächen der Fügepartner bildet eine wichtige Eingangsgröße für das Modell. Er variiert entlang der Fügezone und hängt unter anderem auch von der Rauigkeit der Oberflächen ab. Das Modell berücksichtigt weder diesen Aspekt, noch den Einfluss von Oberflächenkontaminierungen, beispielsweise durch Reinigungsmittel oder Öle. Es erscheint jedoch plausibel, dass sowohl große Rauigkeiten als auch Verschmutzungen das Aufheizen durch die vorbei strömende Partikelwolke behindern.

7.7 Wellenbildung

Es existieren verschiedene Theorien zur Wellenbildung beim Magnetpulsschweißen, siehe Kapitel 2.3. Die vorgenommene Unterscheidung der Schweißmechanismen in Abhängigkeit der Kollisionsbedingungen im Kapitel 7.1 erfordert demnach auch eine Abgrenzung der Wellenbildungsmechanismen. Abbildung 7.15 schematisiert eine denkbare Theorie der Wellenausbildung beim Magnetpulsschweißen infolge der angeschmolzenen Fügepartneroberflächen durch die vorbei strömende heiße Partikelwolke. Die Abrollbewegung der Fügepartner verdrängt die schmelzflüssigen Bereiche in Schweißrichtung, wobei diese Verdrängung langsamer geschieht als die fortschreitende Schweißfrontgeschwindigkeit, siehe Bildteile a) und b). Dadurch sammeln sich die flüssigen Anteile in „Taschen" an und es bildet sich die wellenförmige Fügezone aus. Somit entsteht in den Bereichen, in denen beide Werkstoffe im festen Zustand in Kontakt treten, ein nahezu scharfer Übergang ohne merkliche Zwischenschicht. Im Bereich der Taschen liegt hingegen eine Zwischenzone mit einem bestimmten Mischungsverhältnis der beiden Werkstoffe vor, welches von deren Schmelztemperaturen abhängt. Die Größe der Zone richtet sich nach der Temperatur, der Dichte und der Geschwindigkeit der vorbei geströmten Partikelwolke, der Entfernung zum initialen Auftreffort, sowie dem Kollisionswinkel und der Kollisionspunktgeschwindigkeit. Generell nimmt die Wellenamplitude in Schweißrichtung aufgrund des höheren Energieeintrages durch die akkumulierte Partikelwolke und das vermehrte Anschmelzen von Werkstoff in Oberflächennähe zu, siehe Bildteile d) und f). Gleichzeitig könnte aber auch der anwachsende Kollisionswinkel eine größere Wellenamplitude verursachen. Dieses Phänomen lässt sich am besten mit dem entgegengesetzten Extremum verdeutlichen, wenn der Kollisionswinkel 0° beträgt. Bei diesem flachen Auftreffen können sich keine Taschen ausbilden, weil es keine Abrollbewegung gibt und folglich auch keine Wellen, siehe Bildteile c) und e). Die Rauigkeit der Oberflächen spielt bei dieser Theorie ebenfalls eine entscheidende Rolle. Zum einen kann die Partikelwolke nur die Spitzen der rauen Oberflächen anschmelzen und zum anderen erschwert die Oberflächentopografie die Abrollbewegung und das Verdrängen der Schmelze. Etwaige Lufteinschlüsse wirken sich ebenfalls negativ auf die Verbindungsbildung aus.

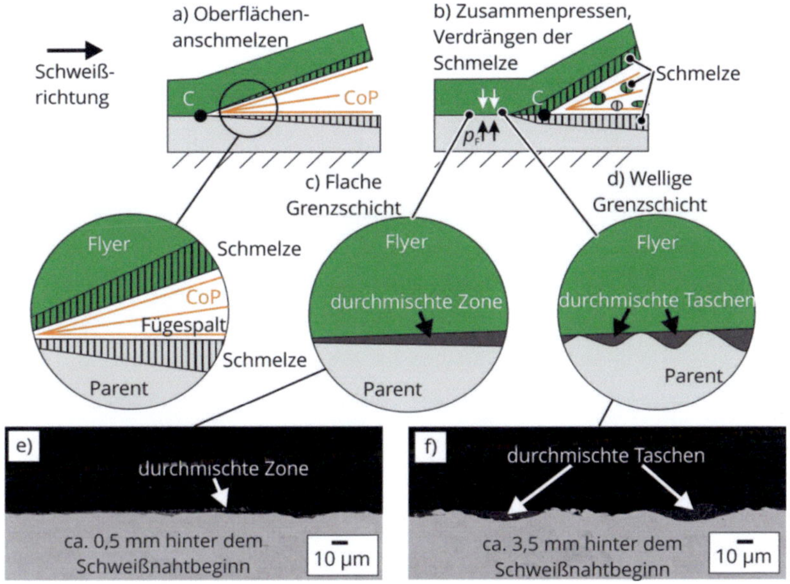

Abbildung 7.15: Schema und Querschliffe zur Theorie der Ausbildung der Grenzschicht beim MPW infolge der angeschmolzenen Fügepartneroberflächen

7.8 Zwischenfazit zu Kapitel 7

Das Aufbringen von Eloxalschichten ermöglicht das Nachverfolgen des Werkstoffflusses beim Magnetpulsschweißen und das numerische Modell die Berechnung des Temperaturverlaufes an den Fügepartneroberflächen. Aus der Kombination mit den Erkenntnissen in den Kapiteln 5 und 6 ergibt sich folgendes Schweißmodell:

Ein stark ausgeprägter Werkstofffluss durch große plastische Deformationen in Form eines Jets stellt kein notwendiges Kriterium dar. Auch mit niedrigeren Energien lassen sich Schweißnähte erzeugen, solange die Impaktgeschwindigkeit zum Bilden der Partikelwolke für die gegebene Werkstoffkombination ausreicht. Die Abrollbewegung des Flyers auf der Parent-Oberfläche sorgt für den Austrieb der Partikelwolke aus dem Fügespalt. Die Größe des Kollisionswinkels bestimmt dabei maßgeblich die dabei stattfindende Verdichtung und Aufheizung der Partikelwolke. Bei kleinen Winkeln erfolgt eine stärkere Verdichtung und es entsteht eine heiße Partikelwolke, deren Temperatur oberhalb der Siedetemperaturen der Fügepartner liegen kann und welche sogar selbst Licht emittiert, wenn die Umgebungsluft im Fügespalt vor dem Versuch evakuiert wird. In Umgebungsatmosphäre verstärken zwei weitere Effekte das Prozessleuchten: die Schockkompression des Gases im Fügespalt vor der austretenden

Partikelwolke und die Reaktion der heißen Partikel mit dem umgebenden Sauerstoff. Die Partikelwolke eilt dem Kollisionspunkt voraus und heizt beim Verlassen des Fügespaltes die angrenzenden Metalloberflächen auf. Der Wärmeübergang und auftretende Reibungseffekte bewirken je nach Geschwindigkeit und Dichte der Partikelwolke das Anschmelzen der Fügepartneroberflächen, die in Schweißrichtung vor dem Kollisionspunkt liegen. Dabei kann es sogar passieren, dass in Schweißrichtung weiter vorn liegende Bereiche anschmelzen und verschweißen, bei denen die lokale Impaktgeschwindigkeit nicht zur Ausbildung der Partikelwolke ausgereicht hätte. Im Falle eines flachen Auftreffens kann die Partikelwolke nicht aus dem Fügespalt entweichen. Bei großen Kollisionswinkeln geschieht die Kompression der Partikelwolke nicht im ausreichenden Maße und die Oberflächen weisen eine zu geringe Temperatur beim Kontakt auf. Außerdem verlängert sich die Zeitspanne zwischen Aufheizen und Aufeinanderpressen. Dies kann je nach Wärmeleitfähigkeit und Schmelztemperatur der Fügepartner dazu führen, dass mindestens eine Fügepartneroberfläche am Kollisionspunkt schon wieder in der festen Phase vorliegt und das Schmelzschweißen verhindert. Liegen jedoch beidseitig flüssige Phasen vor, kann sich die Verbindung und ggf. eine wellenförmige Grenzschicht ausbilden. Eine wichtige Voraussetzung dafür stellt das rechtzeitige Abkühlen des Fügebereiches nach dem Kontakt dar, welches von den thermophysikalischen Werkstoffeigenschaften und der Dicke der verflüssigten Oberflächenschichten abhängt. Die Fügezone muss erstarren, bevor Zugspannungen infolge von Rückfederungseffekten auftreten.

Aus den beschriebenen Modellvorstellungen ergibt sich, dass beim Magnetpulsschweißen mit niedrigen Impaktenergien relativ kleine Kollisionswinkel herrschen müssen. Das folgende Kapitel beschreibt den Einfluss verschiedener geometrischer und anlagenbedingter Eingangsgrößen, sowie Strategien, die zum Erreichen dieser geeigneten Kollisionsbedingungen führen.

8 Einstellen der kinetischen Kollisionsparameter

8.1 Frequenzeinfluss

Das in Kapitel 7 formulierte Schweißmodell betont die Wichtigkeit einer Mindestimpaktgeschwindigkeit, sowie eines möglichst kleinen Kollisionswinkels. Um diese beiden Bedingungen einzustellen, bedarf es der Berücksichtigung der geometrischen Randbedingungen des Versuchsaufbaus sowie der Entladestromcharakteristik der Versuchsanordnung. Dieses Kapitel beschreibt zunächst den Einfluss der Entladefrequenz auf das Umformverhalten des Flyer-Rohres. Die in Kapitel 5 vorgestellten Methoden basieren auf der Auswertung des Impaktblitzes an modifizierten Parent-Bauteilen und ermöglichen das Abschätzen der Impakt- und Kollisionspunktgeschwindigkeiten an verschiedenen Pulsanordnungen. Tabelle 8.1 beinhaltet diese Geschwindigkeitskomponenten für zwei Versuchsanordnungen mit verschiedenen Entladefrequenzen und Wirklängen, sowie den sich daraus ergebenden Kollisionswinkeln. Die Werte basieren auf den errechneten Punkten für $d = 0$ mm und $d = 4$ mm gemäß den linearen Trends in Abbildung 6.9. Die Wirkbereiche der Spule an der Bmax-Anlage und des Feldformers an der EmGen-Anlage weisen dieselben geometrischen Abmessungen auf. Die Mindestimpaktgeschwindigkeiten $v_{i,r}$ für ein umfängliches Verschweißen unterscheiden sich stark. An der niederfrequenten EmGen-Anlage beträgt sie ca. 170 m/s, an der Bmax-Pulsanordnung ca. 350 m/s. Die mittlere Kollisionsfrontgeschwindigkeit $\bar{v}_c$ berechnet sich wie in Abbildung 5.8 dargestellt aus zwei Punkten gemäß Gleichung 8.1, der mittlere Kollisionswinkel $\bar{\beta}$ ergibt sich aus Gleichung 2.13 unter Zuhilfenahme einer gemittelten radialen Impaktgeschwindigkeit $\bar{v}_{i,r}$.

Tabelle 8.1: Ermittelte Kollisionsparameter an zwei Versuchsaufbauten an der jeweiligen unteren Prozessgrenze basierend auf den linearen Trends in Abbildung 6.9 ($n = 1$)

Physikalische Größe	Einheit	Bmax	EmGen
Entladefrequenz f_E	kHz	21	9
Wirklänge l_W	mm	6	8,5
Errechnete radiale Impaktgeschwindigkeit $v_{i,r}$ bei $d = 0$ mm	m/s	348	171
Errechnete radiale Impaktgeschwindigkeit $v_{i,r}$ bei $d = 4$ mm	m/s	258	162
Mittlere radiale Impaktgeschwindigkeit $\bar{v}_{i,r}$	m/s	303	166
Spaltschließzeit Δt_S zwischen 0 mm < d < 4 mm	µs	2,99	0,95
Mittlere Kollisionsfrontgeschwindigkeit $\bar{v}_c$	km/s	1,34	4,22
Mittlerer Kollisionswinkel $\bar{\beta}$	°	13,5	2,2

$$\bar{v_c} = \frac{\Delta d}{\Delta t_S} = \frac{4\,mm}{t_{\text{f,start}}(d = 4\,mm) - t_{\text{f,start}}(d = 0\,mm)} \quad 8.1$$

Die in Abbildung 8.1 dargestellte abfallende Fase am Parent-Teil von 2° oder 4° bewirkt das gezielte Absenken der Kollisionspunktgeschwindigkeit bzw. das Erhöhen des Kollisionswinkels. Abbildung 8.2 fasst die ermittelten Kollisionsbedingungen und Schweißergebnisse für insgesamt vier verschiedene Anlagen für ihre spezifischen Mindestimpaktgeschwindigkeiten bei konstanter Wirklänge zusammen und belegt den Einfluss der Entladefrequenz auf das Umformverhaltens und die Verbindungsausbildung.

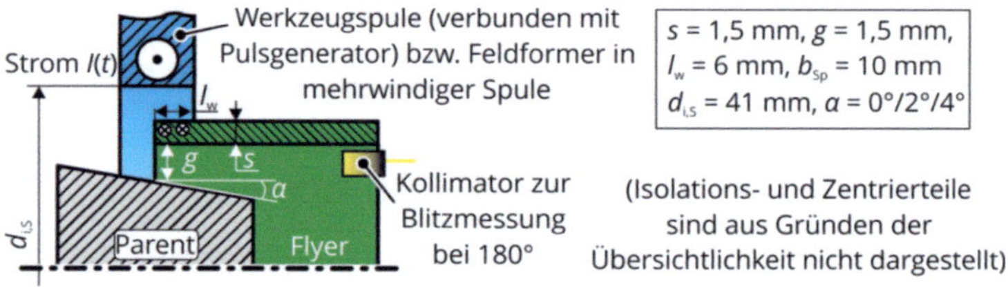

Abbildung 8.1: Schema des Versuchsaufbaus für Magnetpulsschweißexperimente mit verschiedenen Pulsgeneratoren (Verläufe der Entladeströme *I*(*t*) siehe Abbildung B.1, und Anlagencharakteristik siehe Abbildung 4.1 und Tabelle C.3)

Bei allen verschweißten Proben liegt die mittlere Kollisionspunktgeschwindigkeit über 1140 m/s und der mittlere Kollisionswinkel unter 12°. Das Anbringen der Fase am Parent-Teil führt zur Vergrößerung des Kollisionswinkels. Überschreitet er die markierte Grenze von ca. 12°, ermöglicht selbst eine Kollisionspunktgeschwindigkeit von nahezu 1500 m/s keine Verschweißung. Ein zu großer Kollisionswinkel entsteht bei Versuchen mit höherer Entladefrequenz aber zu niedriger Aufprallgeschwindigkeit. In diesem Fall stellt nur die Erhöhung der Entladeenergie und damit der radialen Impaktgeschwindigkeit eine Möglichkeit zum Verschweißen bei ansonsten unveränderten geometrischen Randbedingungen dar.

Diese Versuchsreihe weist das frequenzabhängige Umformverhalten bei identischen geometrischen Randbedingungen nach. Demnach führt der langsamere Anstieg des magnetischen Drucks bei niedrigeren Entladefrequenzen zu einer flacheren Kollision des Flyers mit dem Parent im Schweißbereich. Die bereits beschriebene positive Wirkung kleiner Kollisionswinkel für eine ausreichende Oberflächenaktivierung tritt dadurch bei Anlagen mit niedrigeren Entladefrequenzen bereits bei kleineren radialen Impaktgeschwindigkeiten auf, siehe Abbildung 6.9. Das Anpassen des Fügespaltes und der Flyer-Position in der Spule ermöglicht jedoch auch bei höherfrequenten Anlagen ein Verschweißen bei niedrigeren Impaktgeschwindigkeiten, siehe Kapitel 8.3.

Daraus folgt, dass die kinetischen Kollisionsbedingungen in dem untersuchten Frequenzbereich einen größeren Einfluss auf das Schweißergebnis besitzen, als beispielsweise der höhere Druckimpuls bzw. die längere Anpressdauer an niederfrequenten Anlagen. Das Einstellen niedriger Impaktgeschwindigkeiten reduziert eventuell auftretende Rückfederungseffekte, reduziert die Deformation des Parent-Teils und senkt die mechanische Belastung auf den Wirkbereich der Werkzeugspule.

Das Erreichen einer bestimmten radialen Impaktgeschwindigkeit erfordert bei niederfrequenten Anlagen aufgrund der geringeren Beschleunigungswirkung eine höhere Ladeenergie, was zu einer geringeren Prozesseffizienz führt. Obwohl Abbildung 8.2 die Zielgröße „Ladeenergie“ nicht berücksichtigt, belegen die Experimente, dass sich auch mit diesen Anlagen sehr gute Schweißergebnisse erzielen lassen.

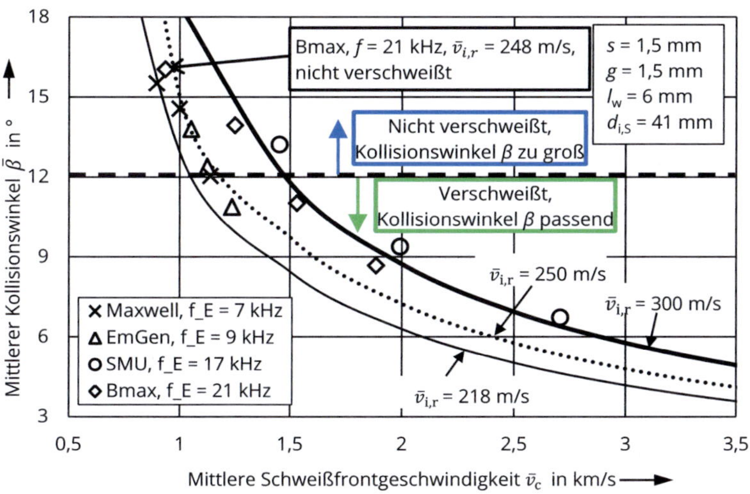

Abbildung 8.2: Schweißfenster in v_c-β-Darstellung (Mittelwerte) für verschiedene Versuchsaufbauten (Ergebnisse für Maxwell und SMU stammen aus gemeinsamen Versuchen am Institut für Umformtechnik und Leichtbau der TU Dortmund), in Anlehnung an Lueg-Althoff et al. (2018a), (n = 1)

8.2 Wandstärkeeinfluss

Dieses Kapitel beschreibt den Einfluss der Flyer-Wandstärke auf das Umform- und Abrollverhalten sowie das Schweißergebnis. Auch hier basiert das Abschätzen der Impakt- und Kollisionspunktgeschwindigkeiten auf der Auswertung des Impaktblitzes an modifizierten Parent-Bauteilen mit den in Kapitel 5 vorgestellten Methoden. Weiterhin ermöglicht der Aufbau an der Bmax-Anlage das Erfassen der radialen Umformgeschwindigkeit mittels PDV in Analogie zu Abbildung 5.4. Rohre mit dem gleichen Außendurchmesser erfordern bei einer größeren Wandstärke aufgrund der höheren Steifigkeit in tangentialer Richtung und der größeren zu beschleunigenden Masse während der Rohrkompression mehr Energie für ein umfängliches Verschweißen, siehe Abbildung 8.3.

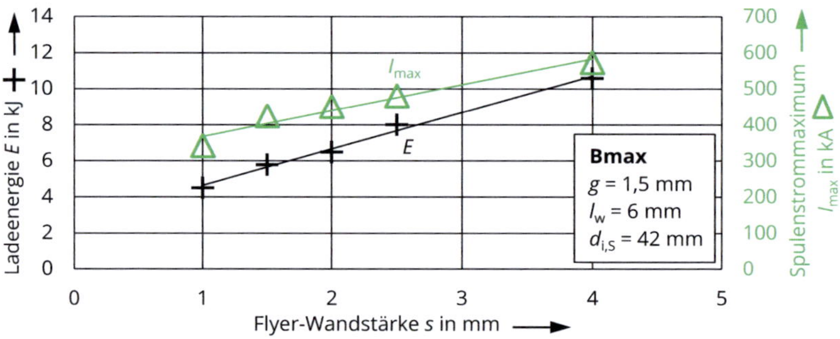

Abbildung 8.3: Experimentelle Ergebnisse zur steigenden Ladeenergie und Spulenstrommaximum bei größeren Flyer-Wandstärken an der unteren Prozessgrenze in Anlehnung an Bellmann et al. (2019b), (n = 1)

Die minimal nötige radiale Impaktgeschwindigkeit für ein umfängliches Verschweißen nimmt mit zunehmender Flyer-Wandstärke von 1 mm auf 4 mm um ca. 16 % ab, siehe Abbildung 8.4.

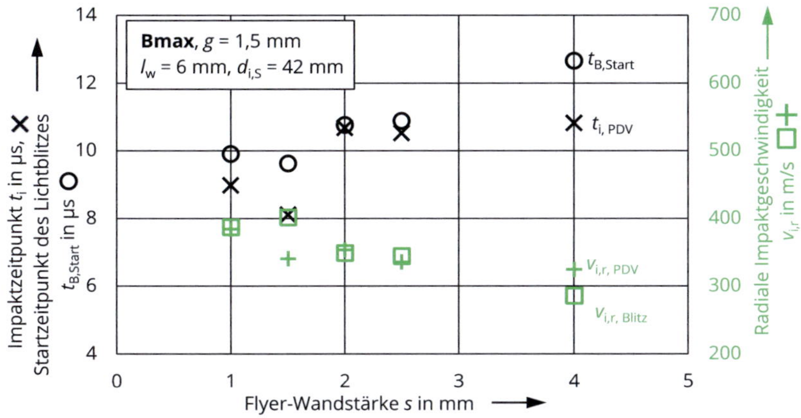

Abbildung 8.4: Experimentelle Ergebnisse zur reduzierten radialen Impaktgeschwindigkeit, einem späteren Startzeitpunkt des Blitzes bzw. Impaktzeitpunktes an der 180°-Position bei größeren Flyer-Wandstärken an der unteren Prozessgrenze in Anlehnung an Bellmann et al. (2019b), (n = 1)

Die Auswertung der Lichtblitzintentsität und -dauer als Messgrößen für die Intensität der Partikelwolke lassen hingegen keine Abhängigkeit von der Flyer-Wandstärke erkennen, siehe Abbildung 8.5. Die Spannungsäquivalente zu den maximalen Lichtintensitäten liegen für alle Flyer-Wandstärken über der in Kapitel 5.1 definierten Grenze von 4 V und die Lichtblitzdauern über 100 µs. Es herrscht eine gute Übereinstimmung mit dem in Abbildung 5.6 gefundenen Schweißbereich.

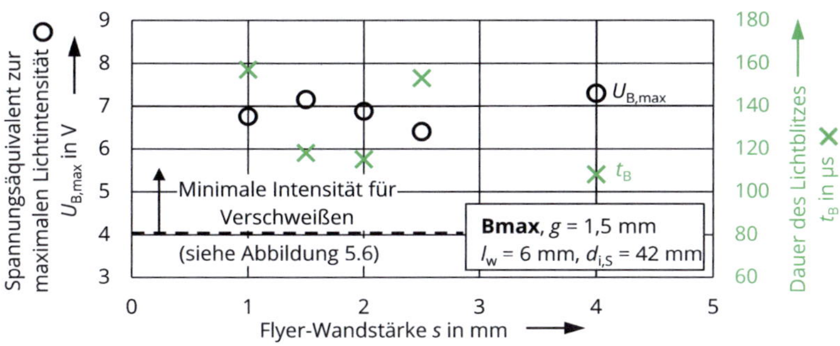

Abbildung 8.5: Experimentelle Ergebnisse zum Einfluss der Flyer-Wandstärke auf die charakteristischen Lichtblitzwerte bei 180° an der unteren Prozessgrenze in Anlehnung an Bellmann et al. (2019b), (n = 1)

Tabelle 8.2 stellt die charakteristischen Werte aus den metallografischen Analysen gemäß Abbildung 4.3 für die untersuchten Flyer-Wandstärken dar.

Tabelle 8.2: Charakteristische Werte des Fügevorgangs und der Fügeverbindung für verschiedene Wandstärken bei 180° (*n* = 1)

Charakteristischer Wert	**Einheit**					
Nominelle Flyer-Wandstärke *s*	**mm**	**1,0**	**1,5**	**2,0**	**2,5**	**4,0**
Flächenbezogene kinetische Energie beim Aufprall E_{kin}/A	kJ/m^2	187	227	321	379	516
Initiale Flyer-Wandstärke	mm	1,09	1,64	2,09	2,63	4,01
Länge des umgeformten Bereiches	mm	8,68	9,03	8,47	9,13	11,78
Schweißnahtlänge l_{Naht}	mm	2,36	1,44	1,42	2,34	4,17
Schweißnahtbeginn	mm	1,15	1,05	0,96	0,92	1,18
Verschiebung der Flyer-Vorderkante	mm	0,01	0,95	0,82	1,3	2,04
Flyer-Wandstärke nach Versuch	mm	0,94	1,44	1,42	1,98	2,71
Reduktion der Flyer-Wandstärke während MPW	%	14	12	32	25	34
Maximale Eindringtiefe des Flyers in den Parent-Werkstoff	µm	0	8	10	24	13

Mit zunehmender Wandstärke nimmt auch die Deformation des Flyers in radialer Richtung und an der freien Vorderkante zu. Die Ursache dafür liegt in der kinetischen Flyer-Energie, die trotz der reduzierten Impaktgeschwindigkeit bei 4 mm Flyer-Wandstärke nahezu einen dreifach so hohen Wert aufweist wie der dünnste Flyer, siehe Tabelle 8.2.

Auch bei 1 mm Wandstärke tritt eine lange Schweißnaht auf. Daraus folgt, dass die „zusätzliche" kinetische Energie bei größeren Wandstärken nicht maßgeblich zum Schweißmechanismus beiträgt, sondern nur zur größeren Deformation der Fügepartner führt. Die Schweißnaht beginnt nahezu unabhängig von der Rohrdicke ca. 1 mm hinter dem initialen Impaktpunkt der Rohrvorderkante. Die Fügezonen in Abbildung 8.6 weisen alle einen wellenförmigen Charakter auf.

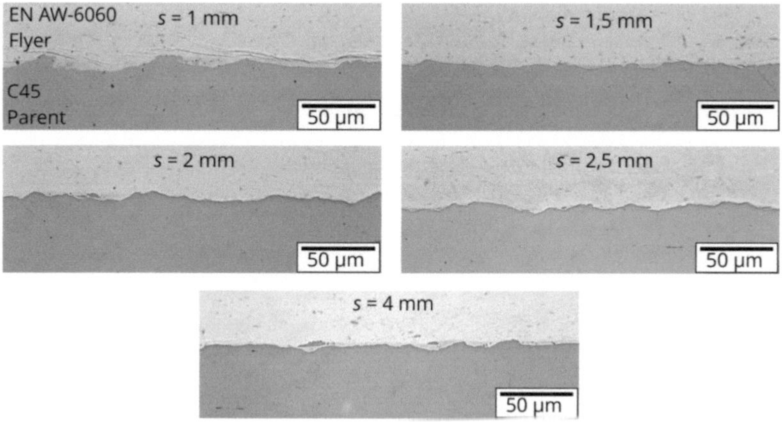

Abbildung 8.6: Querschliffe aus der Mitte der Schweißnaht bei 180° für verschiedene Flyer-Wandstärken *s* mit Parametern aus Abbildung 8.3 (Schweißrichtung von links nach rechts) in Anlehnung an Bellmann et al. (2019b)

Die Modifikation des numerischen Modells in Kapitel 5.2 für das Nachbilden des Rückfederns erfolgt durch die Anwendung eines elastisch-plastischen Werkstoffverhaltens für das Parent-Bauteil[6]. Die Zeitspanne Δt bis zur Richtungsumkehr der oberflächlichen Parent-Knoten hängt von der Flyer-Wandstärke ab, siehe Abbildung 8.7. Bei dickeren Flyer-Rohren tritt die Rückfederung deutlich später auf, was die Nahtausbildung begünstigen könnte, wenn die Erstarrung der Fügezone nicht rechtzeitig abgeschlossen ist. Anhand der experimentellen Ergebnisse lässt sich dieser Einfluss jedoch nicht untersuchen, da sich auch beim dünnsten Rohr eine Schweißnaht gebildet hat.

[6] Die numerischen Simulationen in diesem Kapitel 8.2 wurden von Herrn Lueg-Althoff mit der LS-Dyna-Version R 8.0 durchgeführt und gemeinsam in Bellmann et al. (2019b) publiziert.

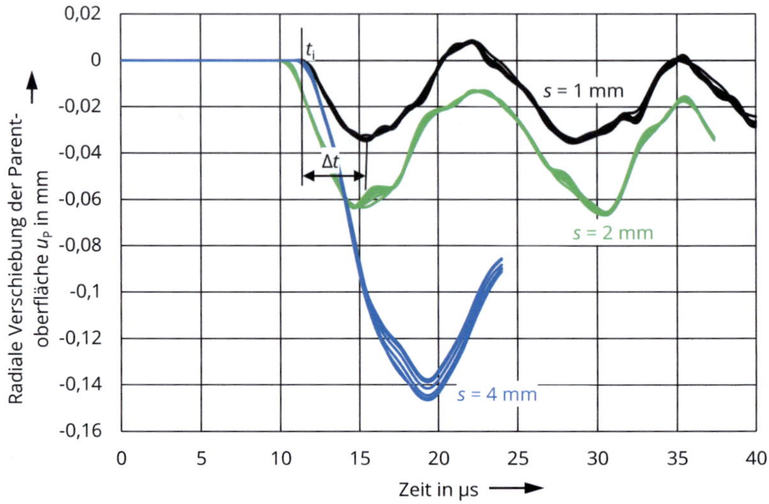

Abbildung 8.7: Simulationsergebnisse zur wachsenden radialen Verschiebung der Parent-Knoten nach dem Aufprall t_i bei größeren Flyer-Wandstärken in Anlehnung an Bellmann et al. (2019b)

Im Gegensatz zur eingebrachten kinetischen Energie des Flyers und dessen Rückfederung scheint sein wandstärkenabhängiges Abrollverhalten einen größeren Einfluss auf die Verbindungsausbildung zu besitzen. Die Ermittlung der mittleren Spaltschließzeit ermöglicht das Abschätzen der mittleren Kollisionspunktgeschwindigkeit innerhalb der ersten vier Millimeter nach dem initialen Impaktort, siehe Abbildung 8.8 a). Die Ergebnisse zeigen keinen linearen Zusammenhang zwischen der Flyer-Wandstärke und der Kollisionspunktgeschwindigkeit. Der mittlere Kollisionswinkel berechnet sich unter Ausnutzung der mittleren radialen Impaktgeschwindigkeit gemäß Gleichung 2.13.

Abbildung 8.8 b) bestätigt die vorangegangen Beobachtungen, dass kleinere Kollisionswinkel die Schweißnahtausbildung begünstigen und zu längeren Schweißnähten führen. Ein kleineres, sich schnell schließendes Fügespaltvolumen sorgt für eine stärkere Kompression der Partikelwolke und einem vermehrten Aufheizen der Fügepartneroberflächen, bevor diese in Kontakt treten. Für die Flyer-Wandstärke s = 1,5 mm kommt es auch bei einem mittleren Kollisionswinkel von $\bar{\beta} \approx 17°$ zum Verschweißen, obwohl Abbildung 8.2 die Obergrenze bei ca. 12° definiert. Dabei handelt es sich jedoch nur um den mittleren Kollisionswinkel. Wie in Abbildung 5.10 gezeigt, können innerhalb der ersten vier Millimeter auch kleinere Kollisionswinkel auftreten und zu der kurzen Schweißnaht von 1,44 mm führen.

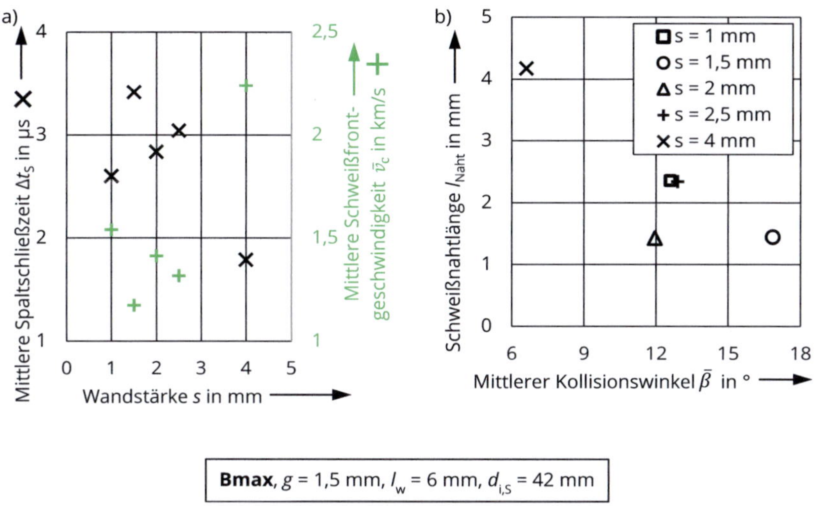

Abbildung 8.8: a) Einfluss der Wandstärke auf die mittlere Spaltschließzeit innerhalb der ersten 4 mm und Schweißfrontgeschwindigkeit (90°, 180° und 270°) und b) Einfluss des mittleren Kollisionswinkels auf die Schweißnahtlänge bei 180° für verschiedene Flyer-Wandstärken an der unteren Prozessgrenze in Anlehnung an Bellmann et al. (2019b), (n = 1)

8.3 Fügespalt- und Wirklängeneinfluss

Bei den bisher beschriebenen Einflussgrößen Entladefrequenz und Flyer-Wandstärke handelt es sich meistens um vordefinierte und nur aufwändig zu verändernde Werte, die sich aus der Kombination von Pulsgenerator und Werkzeugspule bzw. den Anforderungen an das gefügte Bauteil ergeben. Unter der Annahme einer festgelegten Flyer- und Spulengeometrie stehen daher für das Einstellen eines Schweißprozesses an der unteren Prozessgrenze vor allem folgende Parameter zur Verfügung:

1. Der Fügespalt g als Beschleunigungsstrecke für den Flyer bis zur Kollision mit dem Parent,
2. Die Ladeenergie E des Pulsgenerators, welche den Entladestrom, den magnetischen Druck und damit die Flyer-Beschleunigung maßgeblich beeinflusst, siehe Kapitel 5.2,
3. Die Wirklänge l_w als Maß für die axiale Position des Flyers im Konzentrationsbereich der Werkzeugspule zum Beeinflussen des Kollisionswinkels, siehe Kapitel 6.1.

Das in Kapitel 5 vorgestellte optische Messsystem eignet sich für eine zweistufige Prozesseinstellung, mit der die nötige Versuchsanzahl im Vergleich zu einem vollfaktoriellen Versuchsplan reduziert werden kann. Folgende Anleitung dient dabei als Richtlinie, um die drei Parameter für eine umfängliche Schweißnaht möglichst schnell zu identifizieren, siehe Bellmann et al. (2018b):

Im ersten Schritt erfolgt das Einstellen der radialen Impaktgeschwindigkeit $v_{i,r}$ mittels angepasstem Fügespalt g und Ladeenergie E. Die Wirklänge bleibt dabei konstant und sollte zunächst die Hälfte der Spulenbreite betragen, um sie im zweiten Schritt sowohl erhöhen, als auch reduzieren zu können. Das Schweißergebnis ist in diesem Moment von untergeordneter Bedeutung. Dennoch sollte der initiale Fügespalt g_{initial} gemäß Gleichung 8.2 bereits mit einem Kollisionswinkel β im Schweißbereich, d.h. ca. 10°, berechnet werden, siehe Kapitel 8.1. Durch Anpassen der Ladeenergie verändert sich die radiale Impaktgeschwindigkeit und folglich auch die Intensität des Impaktblitzes. Diese stellt ein notwendiges Schweißkriterium dar und muss an allen zu verschweißenden Stellen einen werkstoffabhängigen Mindestwert erreichen oder überschreiten. Bei der untersuchten Werkstoffkombination beträgt das Spannungsäquivalent zur minimalen Lichtintensität für ein Verschweißen ca. 4 V, siehe Abbildung 5.6. Dies erfordert unter Umständen einen größeren Fügespalt als ursprünglich berechnet und dadurch auch eine angepasste Ladeenergie. Es empfehlen sich kleine Fügespalte, da ein reduzierter Umformweg das Aufdicken des Flyer-Rohres und den Widerstand gegen die Kompression vermindert, sowie das Risiko der Faltenbildung senkt. Das Erreichen der Mindestintensität mit möglichst wenig Energie spricht für einen effizienten Magnetpulsschweißprozess. Abbildung 8.9 zeigt dieses Vorgehen exemplarisch für den Versuchsaufbau in Kapitel 4.1. Der Fügespalt von 1,5 mm erfordert die niedrigste Energie zum Erreichen der minimal nötigen Lichtintensität.

$$g_{\text{initial}} = l_{\text{w}} \cdot \tan\beta \text{ (Shribman et al. 2001)} \qquad 8.2$$

Im zweiten Schritt findet das Einstellen des Kollisionswinkels durch Anpassen der Wirklänge statt. Dabei ist das Überprüfen der Schweißnahtqualität mit den Methoden in Kapitel 4.3 unerlässlich, da der Impaktblitz in Umgebungsatmosphäre keine hinreichende Bedingung darstellt und das Auswerten nur bedingt Rückschlüsse auf die Schweißnahtqualität zulässt. Kein Verschweißen oder das ausschließliche Verschweißen an der 180°-Position erfordert eine Erhöhung der Wirklänge. Bedingt durch das reduzierte Magnetfeld im Bereich des Spulenschlitzes bei 0° treten dort meistens größere Kollisionswinkel auf, die sich durch eine Wirklängenvergrößerung reduzieren lassen. Eine kürzere Wirklänge führt hingegen zu größeren

Kollisionswinkeln, beispielsweise wenn die Probe nur an der 0°-Position verschweißt oder ein Zweifront-Prozess auftritt (Lorenz et al. 2016).

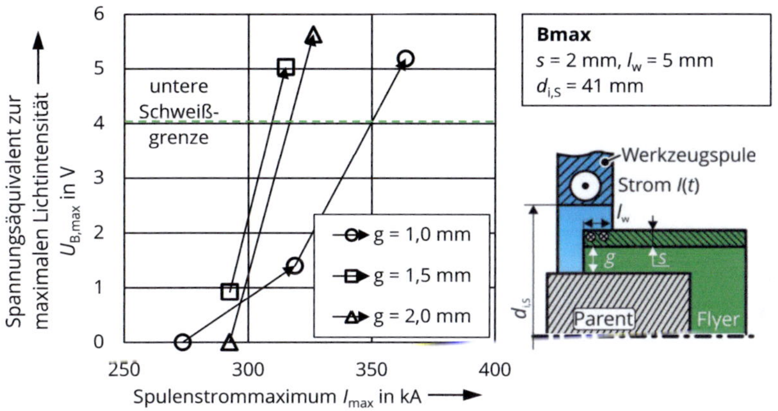

Abbildung 8.9: Korrelation des maximalen Spulenstroms mit der Lichtintensität für verschiedene Fügespalte *g* in Anlehnung an Bellmann et al. (2018b), (*n* = 1)

Unter Umständen lässt sich allerdings keine Wirklänge identifizieren, bei der es an jeder Umfangsposition des Bauteils zur Verschweißung kommt. Diese Situation oder das lokale Abfallen der Lichtintensität unter den Mindestwert erfordern eine höhere Ladeenergie. Tabelle 8.3 zeigt diesen Fall für ein konkretes Beispiel. Beim initialen Fügespalt von 1,5 mm kann hier mit 3 kJ Ladeenergie bei keiner Wirklänge ein umfängliches Verschweißen erreicht werden. Erst bei einer Ladeenergie von 4 kJ und einer Wirklänge von 7 mm bildet sich eine Schweißnaht über den Gesamtumfang aus. Gleichzeitig ermöglicht der höhere Energieeintrag die Verkleinerung des Fügespaltes mit den zuvor genannten positiven Nebeneffekten.

Das beschriebene Vorgehen eignet sich insbesondere für die Anwendung im industriellen Umfeld, da dort meistens die Charakteristik der Pulsanordnung und die geometrischen Randbedingungen des Flyers als gegebene Eingangsgrößen feststehen. Es ermöglicht eine schnelle Parameterfindung für das Magnetpulsschweißen an der unteren Prozessgrenze ohne aufwändige Bauteilkonturierungen.

Tabelle 8.3: Vorgehen bei der Parameterbestimmung und Schweißergebnisse (0 – nicht verschweißt, 1 – verschweißt) (n = 1)

Fügespalt g	I_{max}	Lade-energie E	Wirklänge l_w	Spannungsäquivalent zur maximalen Lichtintensität $U_{B,max}$		Schweißergebnis	
mm	kA	kJ	mm	V			
				0°	180°	0°	180°
1,5	316	3	5	5,2	5,7	0	0
			6	5,5	5,9	0	0
			7	5,0	5,7	0	1
			8	1,5 (< 4)	5,1	0	1
1,0	361	4	5	5,2	5,8	0	1
			7	5,2	5,2	1	1

8.4 Prozessrobustheit bei geometrischen Abweichungen

Dieses Kapitel beschäftigt sich mit dem Einfluss von drei möglichen geometrischen Abweichungen auf das Schweißergebnis, um die Prozessrobustheit in der industriellen Fertigung abzuschätzen. Abbildung 8.10 fasst die Ergebnisse für die einzeln variierten Parameter Flyer-Wandstärke, Fügespalt und Wirklänge zusammen. Die ermittelten Einstellungen aus dem vorherigen Kapitel bilden dabei den Ausgangspunkt für die Parametervariation. Eine Vergrößerung der Flyer-Wandstärke bewirkt einen kleineren Fügespalt bei gleichzeitig mehr Masse, die es mit der gleichen Energiemenge zu beschleunigen gilt. Dadurch fallen die radialen Impaktgeschwindigkeiten und Lichtblitzintensitäten geringer aus. Dennoch gestattet eine 20 prozentige Vergrößerung oder Senkung der Flyer-Wandstärke immer noch ein umfängliches Verschweißen. Das Vergrößern des Fügespaltes führt zu einer längeren Beschleunigungsstrecke, höheren radialen Impaktgeschwindigkeiten und helleren Impaktblitzen. Eine 30 prozentige Reduktion bzw. 15 prozentige Erhöhung des initialen Fügespaltes von 1 mm erlaubt immer noch eine umfängliche Schweißnahtausbildung, die sich durch einen erfolgreichen Schältest bei 0° und 180° definiert.

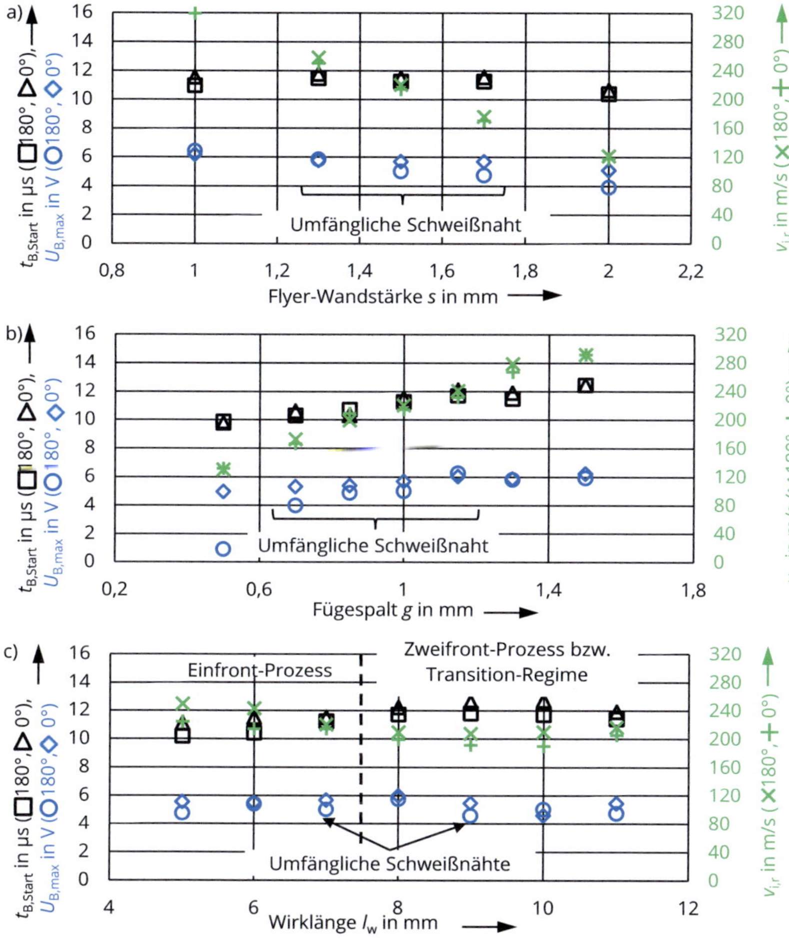

Standardkonfiguration:
Bmax, E = 3,9 kJ, I_{max} ≈ 354 kA, s = 1,5 mm, g = 1,0 mm, l_w = 7 mm, $d_{i,S}$ = 41 mm

Abbildung 8.10: Einfluss a) der Flyer-Wandstärke, b) des Fügespaltes und c) der Wirklänge auf das Schweißergebnis, die Charakteristik des Lichtblitzes und die errechneten radialen Impaktgeschwindigkeiten in Anlehnung an Bellmann et al. (2019d), (*n* = 1)

Die Wirklänge beeinflusst zwar nicht die Lichtblitzintensität oder die radiale Impaktgeschwindigkeit als notwendige Schweißkriterien, sie bestimmt jedoch maßgeblich den Kollisionswinkel und damit das Schweißergebnis. Lediglich eine Wirklänge von 7 oder 9 mm ermöglicht in dieser Konfiguration ein umfängliches Verschweißen. Während eine zu klein gewählte

Wirklänge < 7 mm zu große Kollisionswinkel verursacht, führt eine zu große Wirklänge > 9 mm zu einem flachen Auftreffen im sogenannten Übergangsregime bzw. entwickelt sich ein Zweifront-Prozess (Lorenz et al. 2016). Die experimentellen Versuche zeigen, dass die Wirklänge eine geometrische Eingangsgröße darstellt, auf die der Magnetpulsschweißprozess wesentlich empfindlicher reagiert, als auf eine abweichende Flyer-Wandstärke oder einen variierenden Fügespalt.

8.5 Experimentelle Hinweise zum Ermitteln des Schweißfensters

Die bisherigen Erkenntnisse bezüglich geeigneter Impaktgeschwindigkeiten und Kollisionswinkel basieren auf Schweißexperimenten zwischen Aluminiumrohren und massiven Fügepartnern aus Stahl. Die untere Prozessgrenze beim Magnetpulsschweißen hängt jedoch maßgeblich von den verwendeten Werkstoffen, Legierungen und deren Wärmebehandlungszuständen ab. Die Bestimmung der sogenannten „Schweißfenster" für verschiedene Werkstoffkombinationen erfolgt meistens experimentell anhand von Hochgeschwindigkeitskollisionen an verschiedenartigen Versuchsständen. Unabhängig von der Beschleunigungsart der Fügepartner kommt es aufgrund der Flyer-Masse jedoch immer zur elastischen, teilweise auch plastischen Deformationen des Parent-Teils. Folglich können Rückfederungseffekte zum Trennen der Verbindung vor ihrer vollständigen Erstarrung führen. So besteht beispielsweise die Möglichkeit, dass die Kollisionsbedingungen zwar zu einer ausreichenden Oberflächenaktivierung und einem rechtzeitigen Kontakt der Fügepartner führen, aber die auftretenden Zugkräfte infolge der Rückfederung die Fügezone wieder auseinander reißen. Aufgrund der Vielzahl an Versuchsparametern beim Magnetpulsschweißen gestaltet sich die Ursachenforschung bei einer nicht verschweißten Probe schwierig. Der in Abbildung 8.11 schematisierte Versuchsaufbau blendet zumindest die beschriebenen negativen Rückfederungseffekte und die damit verbundenen radialen Zugkräfte aus und erleichtert dadurch grundsätzliche Untersuchungen zur Schweißbarkeit der Werkstoffe. Dazu erfolgt das Aufbringen einer zusätzlichen unverbundenen Deckschicht auf dem Parent-Teil aus dem gleichen Werkstoff in Form einer dünnen Folie oder einer Pulverschicht. Im Falle geeigneter Kollisionsbedingungen tritt eine Verschweißung zwischen dem Flyer und der künstlichen Deckschicht auf. Da keine Verbindung zum darunter liegenden Parent-Teil besteht, wirken nur sehr geringe Zugkräfte in der Fügezone während der Erstarrungsphase.

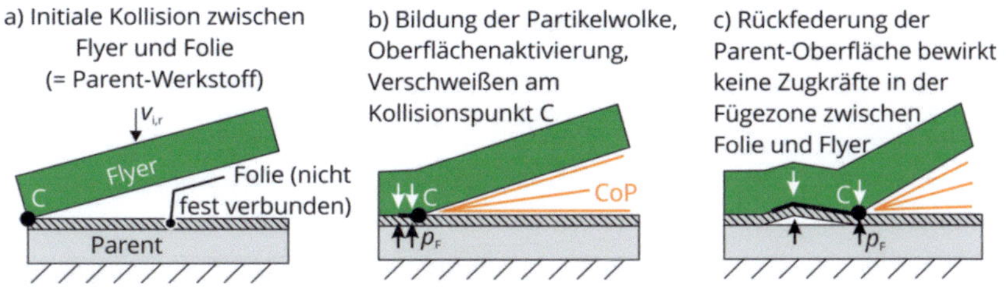

Abbildung 8.11: Schematische Darstellung für Experimente zum Nachweis der prinzipiellen Schweißbarkeit einer Werkstoffkombination

Möglicherweise führt die Abrollbewegung des Flyers teilweise zum Zerreißen der Zwischenschicht infolge der axialen Zugbelastung. Für den grundsätzlichen Nachweis der richtig eingestellten Kollisionsbedingungen reichen jedoch bereits einzelne verschweißte Fragmente oder Partikel an der Flyer-Oberfläche aus. Die Verwendung von Folien als Zwischenschicht ähnelt dem Versuch mit Realbauteilen aufgrund ähnlicher plastischer Deformationen mehr als die Pulvervariante. In diesem Fall führt der Fügedruck des Flyers unter Umständen zu größeren plastischen Deformationen der einzelnen Partikel und damit zu anderen Schweißbedingungen.

Das beschriebene Prinzip ermöglicht das Nachbilden der tatsächlichen Vorgänge im Fügespalt unter realistischen Kollisionsbedingungen. Verschweißt der Flyer mit der Zwischenschicht, aber im Realversuch nicht mit dem Parent, könnte eine Anpassung des Parent-Bauteils für weniger Rückfederung oder das Einsetzen dämpfender Zwischenschichten Abhilfe schaffen. Tritt keine Verschweißung mit der Zwischenschicht auf, stellt der Abriss durch Rückfederung nicht die Ursache dar.

8.6 Zwischenfazit zu Kapitel 8

Das erfolgreiche Magnetpulsschweißen an der unteren Prozessgrenze erfordert geeignete thermische Prozessbedingungen, welche sich, wie im Schweißmodell beschrieben, aus den kinetischen Kollisionsbedingungen ergeben. Das Einstellen dieser Abrollbedingungen entsteht durch die Hochgeschwindigkeitsumformung des Flyer-Rohres. Dabei spielen die zeitliche und örtliche Verteilung des magnetischen Drucks und die Wandstärke des Flyers eine wesentliche Rolle. So führt beispielsweise eine höhere Entladefrequenz bei ansonsten gleichen geometrischen Randbedingungen zu einem größeren Kollisionswinkel, der unter Umständen sogar außerhalb des Schweißbereiches liegt. Eine erhöhte Ladeenergie und radiale Impaktgeschwindigkeit könnten dies kompensieren, hätten aber eine höhere Spulenbelastung zur Folge. Stattdessen bietet sich die Anpassung der geometrischen Faktoren wie Fügespalt und Wirklänge an. Kapitel 8.3 beschreibt ein zweistufiges Vorgehen, bei dem zunächst das Blitzmesssystems zum Bestimmen der minimal nötigen radialen Impaktgeschwindigkeit dient. Diese korreliert mit der Lichtintensität des Impaktblitzes, die ein notwendiges Schweißkriterium darstellt. Anschließend erfolgt das Einstellen des passenden Kollisionswinkels über die Wirklänge und das Beurteilen des Schweißerfolgs an den benötigten Stellen. Die Untersuchungen zur Robustheit des Schweißvorganges an der unteren Prozessgrenze bestätigen den großen Einfluss der Wirklänge auf die Verbindungsausbildung. Im Gegensatz dazu liegen die tolerierbaren Abweichungen beim Fügespalt oder der Flyer-Wandstärke für eine erfolgreiche Nahtausbildung deutlich höher, was sich positiv auf den Realprozess in der Industrie auswirkt.

Eine neuartige Methode ermöglicht das Unterdrücken von Rückfederungseffekten, die unter Umständen zum Zerreißen der Fügezone vor deren Erstarren führen. Dabei findet das Verschweißen zwischen dem originalen Flyer-Bauteil und einer Folie statt, die aus dem gleichen Werkstoff wie das Parent-Bauteil besteht. Dies ermöglicht Aussagen zur generellen Schweißbarkeit einer bestimmten Werkstoffkombination und erleichtert die Ursachenforschung bei nicht verschweißten Bauteilen.

9 Exotherm reagierende Zwischenschichten

Die bisher beschriebenen Methoden ermöglichen die Prozesseinstellung mit einer möglichst niedrigen radialen Impaktgeschwindigkeit. Sie beziehen sich auf den Versuchsaufbau in Kapitel 4.1 zum direkten Verschweißen von Aluminium und Stahl und berücksichtigen nicht den Einfluss von Zwischenschichten. Vom Explosivschweißen ist jedoch bekannt, dass Zwischenschichten maßgeblich die Schweißnahtqualität verbessern können, wenn sie beispielsweise das Erstarren des Grundwerkstoffes bei einem zu hohen Energieeintrag beschleunigen (Verbraak et al. 1967). Um die notwendige kinetische Energie und damit die Belastung der Werkzeugspulen beim Magnetpulsschweißen zu senken, können Zwischenschichten aus bestimmten Werkstoffen für einen zusätzlichen Eintrag an thermischer Energie in der Fügezone sorgen, wenn sie exotherm mit dem kollidierenden Fügepartner reagieren. Im Folgenden wird deshalb der Einfluss von Parent-seitig chemisch aufgebrachten, 5 µm dicken Nickelschichten auf die Verbindungsausbildung mit dem Aluminium-Flyer untersucht. Bei den Vergleichsversuchen besitzt die Spule einen Innendurchmesser von 41 mm, der Fügespalt beträgt 1,5 mm, die Wirklänge 6 mm und das Flyer-Rohr liegt im lösungsgeglühten, warm ausgelagerten Zustand, dem T66 Wärmebehandlungszustand, vor. Unter der Annahme, dass die Beschichtung das Flyer-Abrollverhalten nicht beeinflusst, herrschen die gleichen Druck- und Temperaturbedingungen im Fügespalt. Die Ladeenergie von 8 kJ stellt die untere Grenze für ein umfängliches Verschweißen an den unbeschichteten Vergleichsproben dar, siehe Tabelle 9.1. Die berechneten Geschwindigkeitskomponenten ergeben sich aus den in Kapitel 5 beschriebenen Methoden. Die Schweißnahtlänge an der 180° Position fällt bei der vernickelten Probe deutlich länger aus. Diese Erkenntnis ermöglicht das Absenken der Ladeenergie um 27 % und des maximalen Spulenstroms um 12 %. Dadurch reduziert sich die Spulenbelastung, weil die thermische Verlustleistung an der Spule gemäß Gleichung 2.12 um ca. 24 % sinkt. Die untere Grenze für ein umfängliches Verschweißen der vernickelten Proben liegt bei 5,8 kJ. Auf diesem Energielevel findet bei den unbeschichteten Proben an der 0° Position kein Verschweißen mehr statt, da der mittlere Kollisionswinkel $\bar{\beta}$ = 14° beträgt und damit außerhalb des Schweißbereichs liegt, siehe Abbildung 8.2. Diese Geschwindigkeiten reichen jedoch zum Verschweißen des Aluminium-Flyers mit der Nickel-Zwischenschicht aus und ermöglichen sogar an den Stellen eine stoffschlüssige Verbindung, die bei den unbeschichteten Proben hinter dem Schweißnahtende liegen. Für eine detaillierte Untersuchung dieses Phänomens erfolgt zunächst die metallografische Charakterisierung.

Tabelle 9.1: Einfluss der Ladeenergie und Parent-Beschichtung auf die Schweißnahtcharakteristik an der 180°-Position, (n = 1)

Ladeenergie E		**5,8 kJ**		**8,0 kJ**	
Spulenstrommaximum I_{max}	**kA**	**438**		**501**	
Mittlere Kollisionspunktgeschwindigkeit $\overline{v}_c$ innerhalb der ersten vier Millimeter	**m/s**	**1961**		**2410**	
Mittlere radiale Impaktgeschwindigkeit $\overline{v}_{i,r}$	**m/s**	**323**		**379**	
Mittlerer Kollisionswinkel $\overline{\beta}$	**°**	**9,6**		**9,2**	
Beschichtung		**-**	**Ni**	**-**	**Ni**
Länge des verformten Bereiches	mm	7,6	7,5	8,1	8,2
Schweißnahtbeginn	mm	0,9	0,7	1,1	0,7
Schweißnahtlänge	mm	3,6	5,8	3,9	7,0
Maximale Wellenhöhe	µm	9	4	10	6
Umfängliche Verschweißung		nein	ja	ja	ja

Die folgenden Beschreibungen beziehen sich auf die 180°-Position der umfänglich verschweißten Proben auf verschiedenen Energieniveaus, dargestellt in Abbildung 9.1. Die höhere radiale Impaktgeschwindigkeit bei 8 kJ Ladeenergie führt zu einem tieferen und breiteren Deformationsbereich der Parent-Oberfläche und einer verstärkten Dickenabnahme der Flyer-Vorderkante. Die Flyer-Wandstärken sind in den rechten Bildteilen d) und e) mit 2,23 mm identisch, weil sie während der Versuche außerhalb des Wirkbereiches der Spule liegen. In der zweiten Hälfte der Schweißnaht der unbeschichteten Probe treten Wellen mit einer maximalen Höhe von 10 µm auf. Die Härte in den Wellentälern im Bildteil c) liegt mit ca. 700 HV0,01 deutlich über der Härte der beteiligten Grundwerkstoffe und lässt auf die Bildung von intermetallischen Phasen schließen, siehe Tabelle 9.2. Trotz des reduzierten Eintrags an kinetischer Energie konnte sich bei der Probe mit der Nickel-Zwischenschicht eine 2 mm längere Schweißnaht ausbilden. Diese weist nahezu keine Welligkeit auf, was entweder an dem reduzierten Energieeintrag oder der deutlich größeren Härte der Nickelschicht im Vergleich zum Parent-Grundwerkstoff liegt. Dadurch steigt der Widerstand des Parents gegen das Eindringen des Flyers. Der durchgängig vorhandene Übergangsbereich zwischen Aluminium und Nickel besitzt eine Härte von über 600 HV0,01.

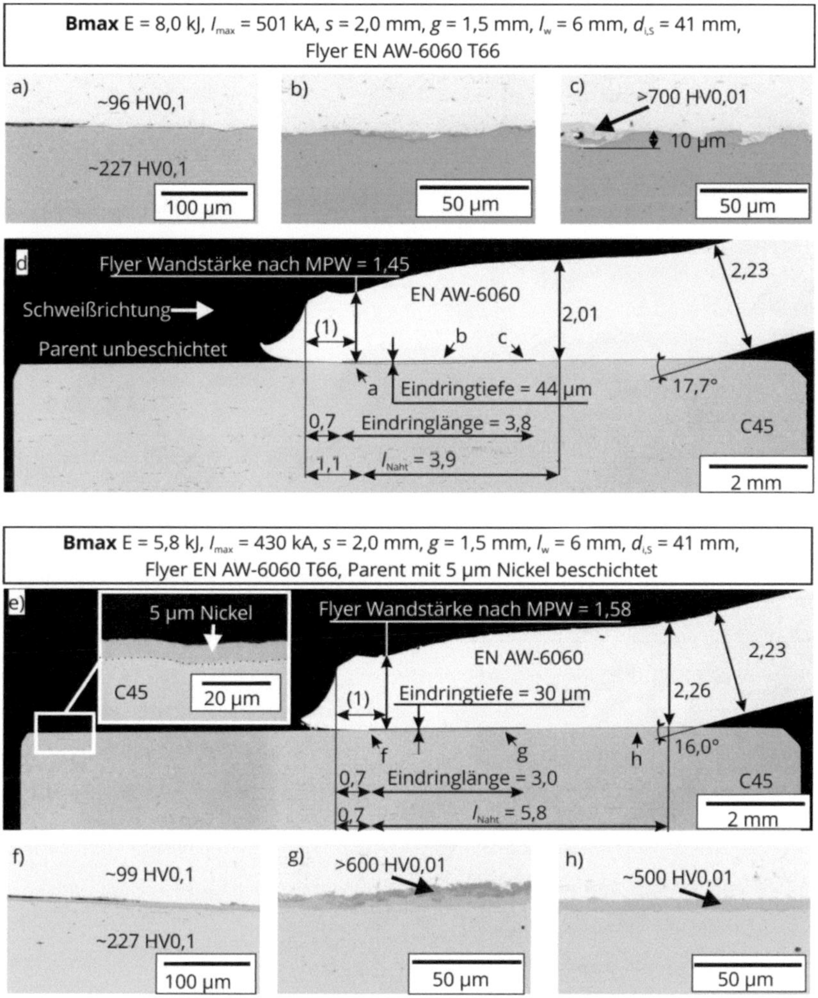

Abbildung 9.1: Details der Fügezonen bei 180° unter dem Einfluss der Nickelzwischenschicht und reduzierten Ladeenergie in Anlehnung an Bellmann et al. (2017b)

Der Bereich in Bildteil h) erfährt während des Schweißvorganges eine geringere Oberflächenaktivierung aufgrund des zunehmenden Kollisionswinkels und weist scheinbar keine plastischen Deformationen auf. Obwohl sich die thermophysikalischen Eigenschaften von Eisen und Nickel in Tabelle 9.2 nicht stark unterscheiden, bildet sich eine stoffschlüssige Verbindung an dieser Stelle nur durch die Nickel-Zwischenschicht aus. Dies legt den Schluss nahe, dass ein anderer Energieeintrag das Verschweißen unterstützt, beispielsweise die Reaktion von Nickel und Aluminium. Sie verläuft exotherm, besitzt mit 60 kJ/mol ungefähr eine doppelt so große maximale Energiefreisetzungsrate wie das Reaktionssystem Aluminium-Eisen (Sikka 1994) und findet beispielsweise bei reaktiven Multischichten eine Anwendung (Ma et al. 1990). Die Energie, die durch die exotherme Reaktion zusätzlich zur Verfügung steht, könnte die Verbindungsausbildung begünstigen. Außerdem könnte sich die gleichartige kubisch flächenzentrierte Kristallstruktur von Nickel und Aluminium positiv auf das Verschweißen auswirken.

Tabelle 9.2: Ausgewählte physikalische Eigenschaften von Aluminium, Eisen und Nickel (Fischer 2008)

		Aluminium	Eisen	Nickel
Schmelztemperatur T_l	°C	659	1536	1455
Wärmeleitfähigkeit k	$Wm^{-1}K^{-1}$	204	81	59
Spezifische Wärmekapazität c	$Jkg^{-1}K^{-1}$	940	470	450
Vickershärte, gemessen an den Versuchswerkstoffen vor dem Fügevorgang	HV0,1/0,05	(87±3) HV0,1	(237±18) HV0,1	~520 HV0,05

Für eine detailliertere Analyse der Fügezonen eignen sich die Rasterelektronenmikroskopie und Röntgenspektroskopie. Die Elementverteilung innerhalb einer „Tasche“ bei der unbeschichteten Probe weist einen starken Gradienten senkrecht zur Fügezone für $z < 5$ µm auf, siehe Abbildung 9.2. Im Gegensatz dazu liegt bei der Probe mit Nickelschicht eine nahezu homogene Verteilung mit ca. 30 Gewichtsprozent Aluminium bzw. 70 Gewichtsprozent Nickel innerhalb einer ca. 10 µm breiten Zone vor.

Ausgehend von den Dicken und Zusammensetzungen der Reaktionszonen in Abbildung 9.2 lässt sich der Eintrag an thermischer Energie durch die exothermen Reaktionen abschätzen und vergleichen. Für die unbeschichtete Probe ergibt sich aus den flächenbezogenen Massen in Formel 7.6, den entsprechenden molaren Massen von Aluminium und Eisen und der maximalen Energiefreisetzungsrate von 30 kJ/mol (Sikka 1994) ein zusätzlicher Energieeintrag von 18,5 kJ/m^2. Bei der mit Nickel beschichteten Probe werden an der untersuchten Stelle aufgrund der veränderten Zusammensetzung und der höheren Energiefreisetzungsrate von 60 kJ/mol (Sikka 1994) bis zu 72,9 kJ/m^2 Energie zusätzlich eingebracht. Diese Abschätzungen basieren auf der Annahme einer vollständigen Reaktion von Aluminium mit Eisen bzw. Nickel und stellen dementsprechende Obergrenzen dar.

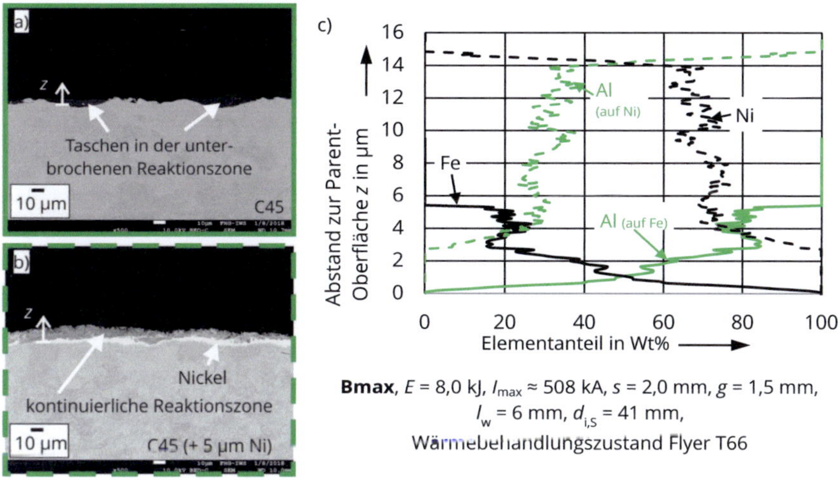

Abbildung 9.2: Aufnahmen mittels Rasterelektronenmikroskopie 4,5 mm hinter dem initialen Impaktpunkt an a) der unbeschichteten und b) der mit Nickel beschichteten Probe c) Vergleich der Elementverteilungen senkrecht zur Fügefläche (Probe mit Nickelzwischenschicht durch gestrichelte Linien dargestellt mit breiterem Reaktionsbereich) in Anlehnung an Bellmann et al. (2018a)

Für ein vertieftes Prozessverständnis erfolgt die Analyse des Reaktionsbereiches zwischen Aluminium und Nickel an verschiedenen Stellen und mit verschiedenen Ladeenergien, siehe Abbildung 9.3. Es lässt sich feststellen, dass die Dicke des Reaktionsbereiches mit steigendem Energieeintrag ebenfalls zunimmt. Die Position in Bildteil c) liegt kurz vor dem Nahtende bei x_2 = 6 mm und zeigt einen relativ scharfen Übergang zwischen den Elementen Aluminium und Nickel innerhalb eines schmalen Bereiches von 2 µm. Aufgrund der niedrigeren Impaktgeschwindigkeit findet nur eine minimale Oberflächenaktivierung vor dem Kontakt der Fügepartner statt und es nimmt weniger Werkstoff an der Reaktion teil. Im Gegensatz dazu führen höhere Impakt- und Kollisionspunktgeschwindigkeiten zur intensiveren Oberflächenaktivierung und zu einem stärkeren Zusammenpressen der Fügepartner, wodurch nahezu die komplette Nickelschicht mit dem Aluminium reagiert, siehe Bildteil b) bei x_1 = 4,5 mm. Der Reaktionsbereich besitzt dort eine Dicke von 12 µm und weist eine annähernd homogene Struktur und Elementverteilung auf, siehe Bildteil f). Die dabei entstehende Wärmemenge heizt die Fügezone so stark auf, dass beim Abkühlen Schrumpfungsrisse entstehen können (Stern et al. 2014). Dies lässt sich durch ein kontrolliertes Einbringen von Aktivierungsenergie durch das Anpassen der Kollisionsbedingungen erreichen, wie die Bildteile a) und d) belegen.

Die heterogene Struktur der Reaktionsbereiche deutet zwar auf eine unvollständige Reaktion hin, weist dafür aber keine Risse auf.

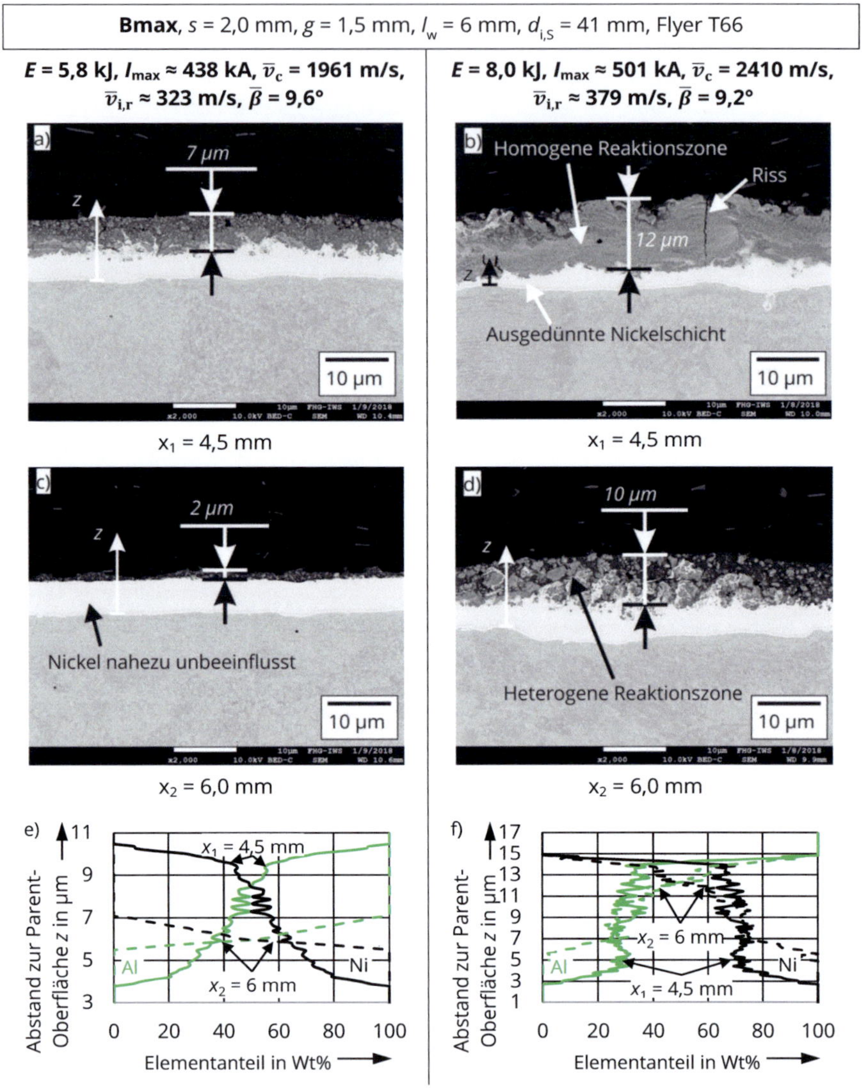

Abbildung 9.3: **a) - d) Aufnahmen mittels Rasterelektronenmikroskop von der mit Nickel beschichteten Probe mit zwei verschiedenen Abständen *x* zum initialen Auftreffpunkt und Ladeenergien an der 180°-Position e), f) Elementverteilungen senkrecht zur Fügefläche in Anlehnung an Bellmann et al. (2018a)**

In statischen Torsionsversuchen stellt sich bis zum Versagen der Proben mit Nickelschicht ein größerer Verdrehwinkel ein als bei den unbeschichteten Proben. Eine zyklische Torsionsbelastung führt hingegen zu vergleichbaren Belastbarkeiten aufgrund des Risswachstums im Rohrquerschnitt neben der Schweißnaht (Bellmann et al. 2017b).

Die Versuche und Belastungstests belegen das Potential der Nickel-Zwischenschichten zur Energiereduzierung beim Magnetpulsschweißen von Aluminium und Stahl. Die Verbindungsausbildung beginnt bereits bei niedrigeren kinetischen Energien, da die zusätzliche Wärme aus der exothermen Reaktion zwischen Nickel und Aluminium die Verbindungsausbildung begünstigt. Dadurch sinkt die mechanische Belastung auf den innenliegenden Fügepartner und die Werkzeugspule. Der Effekt kann auch verwendet werden, um mit der gleichen Impaktenergie eine längere Schweißnaht zu erzeugen, wobei die reaktive Zwischenschicht ggf. nur im hinteren Kontaktbereich zwischen Flyer und Parent benötigt wird. Es besteht die Möglichkeit, den Ansatz der reaktiven Zwischenschichten auch auf andere Werkstoffsysteme anzuwenden. Dazu muss die Zwischenschicht eine ausreichende Verbindung zum Parent aufweisen, eine größere Energiefreisetzungsrate mit dem Flyer-Werkstoff besitzen als Flyer und Parent, sowie frei von störenden Deckschichten sein. Des Weiteren muss das Einbringen der Aktivierungsenergie so erfolgen, dass keine Schrumpfungsrisse auftreten oder Rückfederungseffekte die Verbindung vor dem Erstarren auseinander reißen.

10 Zusammenfassung

Das Magnetpulsschweißen ermöglicht das stoffschlüssige Verbinden von Metallen, die sich beispielsweise hinsichtlich ihrer thermophysikalischen Eigenschaften stark voneinander unterscheiden. Herkömmliche Schmelzschweißverfahren eignen sich für solche Anwendungen, die maßgeblich zur Umsetzung des stofflichen Leichtbaus beitragen können, aufgrund des großen Wärmeeintrages nur sehr eingeschränkt. Sie führen in den meisten Fällen zur Bildung von spröden, intermetallischen Phasen. Beim Magnetpulsschweißen trägt der hohe Fügedruck infolge einer Hochgeschwindigkeitskollision zur Verbindungsausbildung bei und der Wärmeeintrag fällt deutlich geringer aus. Der impulsartige Wechselstrom durch eine Werkzeugspule erzeugt einen magnetischen Druck, der einen elektrisch leitfähigen Fügepartner innerhalb weniger Millimeter auf Geschwindigkeiten von mehreren hundert Metern pro Sekunde beschleunigt. Dieser Vorgang dauert zwar nur wenige Mikrosekunden, belastet den Wirkbereich der Werkzeugspule jedoch sowohl mechanisch als auch thermisch sehr stark. Die kurze Lebensdauer der Spulen und die damit einhergehenden hohen Werkzeugkosten erschweren bei bestimmten Anwendungsfällen den industriellen Einsatz des Magnetpulsschweißens. Das Absenken der benötigten Ladeenergie bis zur unteren Prozessgrenze für eine bestimmte Fügeaufgabe bildet den zentralen Lösungsansatz für das Problem der hohen Spulenbelastung, darf jedoch nicht die Schweißnahtqualität beeinträchtigen.

In Bezug auf die anfangs formulierte Zielstellung dieser Arbeit lassen sich anhand der Ergebnisse der Magnetpulsschweißexperimente und numerischen Simulationen zwischen Aluminiumrohren und Stahlzylindern folgende Aussagen treffen:

1. Das entwickelte optische Messsystem wertet das charakteristische Prozessleuchten aus und ermöglicht dadurch das Bestimmen sowohl der radialen Impaktgeschwindigkeit als auch der Kollisionspunktgeschwindigkeit. Aus beiden ergibt sich der Kollisionswinkel, der die Schweißnahtausbildung entscheidend beeinflusst. Ein numerisches Modell zum Abbilden der Kollisionsbedingungen stützt die Ergebnisse aus den Fügeexperimenten. Das Messsystem und das Verfahren zum Auswerten des Prozessleuchtens wurden außerdem zum Überwachen sämtlicher Kollisionsschweißprozesse patentiert.

2. Die Prozessdurchführung im Vakuum ermöglicht durch Auswerten des Prozessleuchtens eine Abschätzung der Temperatur im Fügespalt. Diese nimmt bei kleineren Kollisionswinkeln zu, weil die aus dem Fügespalt austretende Partikelwolke eine stärkere Kompression erfährt und dadurch sogar Werte oberhalb der Siedetemperaturen der beteiligten Werkstoffe erreicht. Dies führt zu einem Aktivieren bzw. Anschmelzen der Fügepartneroberflächen, die in Schweißrichtung vor dem Kollisionspunkt liegen und sich zu diesem Zeitpunkt noch nicht berühren. Das numerische Modell zur Berechnung der Oberflächentemperaturen während des Fügevorgangs zeigt, dass die aktivierten Oberflächen sehr schnell abkühlen und deshalb die rasche Kontaktierung für ein erfolgreiches Verschweißen an der unteren Prozessgrenze notwendig ist. Eine Flyer-Abrollbewegung mit kleinen Kollisionswinkeln erfüllt diese Forderung, da sich der Fügespalt schneller schließt als bei großen Kollisionswinkeln. Verglichen mit den bisherigen Modellvorstellungen, welche die Wichtigkeit von großen plastischen Deformationen für die Schweißnahtausbildung betonen, belegen die Ergebnisse dieser Arbeit, dass auch niedrige Impaktgeschwindigkeiten bzw. -energien tragfähige Schweißnähte erzeugen, wenn die Fügeflächen vor dem Kontakt thermisch aktiviert werden, siehe Abbildung 10.1. Die Erkenntnis zur Bedeutung der Temperaturkomponente korreliert gut mit den aktuellen Berichten anderer nationaler und internationaler Forschungsgruppen.
3. Nach dem erweiterten Prozessverständnis beim Magnetpulsschweißen an der unteren Prozessgrenze im naturwissenschaftlich-analytischen Teil der Arbeit erfolgt anschließend die technikwissenschaftliche Umsetzung. Auch dazu findet das neu entwickelte optische Messsystem Anwendung, indem es zum Einstellen der geeigneten Kollisionsparameter beiträgt. Es zeigt sich, dass sowohl die Entladefrequenz der Pulsanordnung, als auch die Wandstärke des Flyers nicht nur die benötigte Ladeenergie für eine ausreichende Impaktgeschwindigkeit determinieren, sondern auch maßgeblich den Kollisionswinkel beeinflussen. Aus diesem Grund dient eine zweistufige Methode zum Einstellen der geeigneten Prozessparameter mit vergleichsweise geringem experimentellem Aufwand bei gleichzeitig hoher Effizienz des Fügevorganges. Dazu erfolgt zunächst das Anpassen des Fügespaltes und der Ladeenergie, bis ein Mindestwert an Lichtintensität des Prozessleuchtens vorliegt. Die Lichtintensität stellt ein notwendiges Schweißkriterium dar, da sie mit der Impaktgeschwindigkeit und der davon abhängigen Ausbildung der Partikelwolke korreliert. Anschließend ermöglicht die Variation der Wirklänge das Einstellen eines kleinen Kollisionswinkels. Versuche zur Prozessrobustheit belegen die Wichtigkeit dieser axialen Flyer-Position in der Spule.

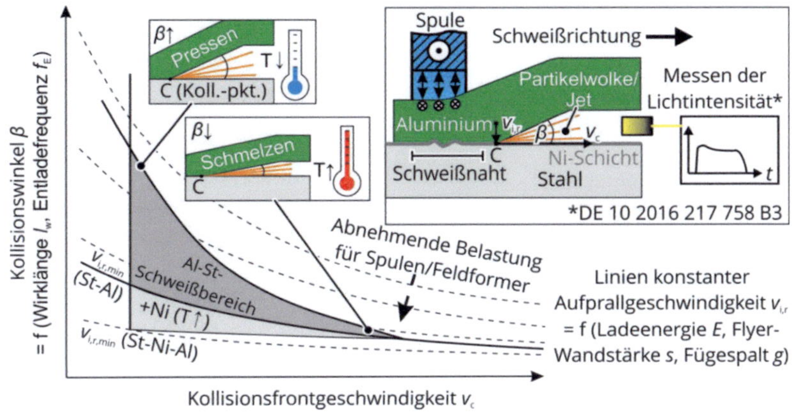

Abbildung 10.1: Einfluss der kinetischen Kollisionsbedingungen auf die Oberflächentemperaturen vor dem Kollisionspunkt C und den vorherrschenden Schweißmechanismus beim MPW von Aluminium und Stahl, Erweitern des Schweißbereiches durch Zwischenschichten aus Nickel zum Senken der Spulenbelastung

Neben den Kollisionsbedingungen können auch reaktive Zwischenschichten bei bestimmten Werkstoffkombinationen zur Reduzierung der nötigen Impaktgeschwindigkeiten beitragen. Die exotherme Reaktion zwischen dem Aluminium-Flyer und der Parent-seitigen Nickelschicht sorgt für einen zusätzlichen Wärmeeintrag in die Fügezone, wodurch sich der benötigte Spulenstrom und damit auch der Eintrag an kinetischer Energie senken lässt. Folglich verschiebt sich die untere Prozessgrenze beim Einsatz von Nickel-Zwischenschichten im Vergleich zum direkten Verschweißen von Aluminium und Stahl, siehe Abbildung 10.1.

Für die industrielle Anwendung stehen damit ein Messgerät zum Einstellen und Überwachen einiger wesentlicher Kollisionsparameter, sowie Methoden zum Absenken der unteren Prozessgrenze zur Verfügung. Dies ermöglicht eine Energiereduzierung beim Fügevorgang und damit die Verlängerung der Werkzeugstandzeiten. Die bereits erfolgreich durchgeführte Parameterfindung beim Magnetpulsschweißen von Blechstrukturen, beispielsweise für die Herstellung von hybriden Karosseriestrukturen, belegt die gute Übertragbarkeit der Erkenntnisse dieser Arbeit.

Literaturverzeichnis

Acarer, M.; Gülenc, B.; Findik, F. (2003): Investigation of explosive welding parameters and their effects on microhardness and shear strength. In: *Materials and Design* (24), S. 659–664. DOI: 10.1016/S0261-3069(03)00066-9.

Appelgren, P.; Bjarnholt, G.; Brenning, N.; Elfsberg, M.; Hurtig, T.; Larsson, A. et al. (2008): Small Helical Magnetic Flux-Compression Generators: Experiments and Analysis. In: *IEEE Transactions on Plasma Science* 36 (5), S. 2673–2683. DOI: 10.1109/TPS.2008.2003966.

Auluck, S. K. H.; Kaushik, T. C.; Kulkarni, L. V.; Rav, A. S. (2003): Conical Electric Gun: A New Hypervelocity Macroparticle Launcher Based on the Munroe Effect. In: *IEEE Transactions on Plasma Science* 31 (4), S. 725–728.

Avrillaud, G.; Cuq-Lelandais, J.-P.; Ferreira, S. (2014): Coil for the magnetic-pulse welding of tubular parts and related welding method am 23.09.2014. Veröffentlichungsnr: WO 2016/046252A1.

Bahrani, A. S.; Black, T. J.; Crossland, B. (1997): The mechanics of wave formation in explosive welding. In: *Proc. R. Soc. Lond. A* 296 (1445), S. 123–136. DOI: 10.1098/rspa.1967.0010.

Bataev, I. A.; Lazurenko, D. V.; Tanaka, S.; Hokamoto, K.; Bataev, A. A.; Guo, Y.; Jorge, A. M. (2017): High cooling rates and metastable phases at the interfaces of explosively welded materials. In: *Acta materialia* 135, S. 277–289. DOI: 10.1016/j.actamat.2017.06.038.

Bauer, D. (1980): Elektromagnetisches Umformen: Entwicklungsstand und Tendenz. In: *Maschinenmarkt* 86, S. 190–193.

Bay, N.; Zhang, W.; Jensen, S. S. (1994): The application of strategic surface coatings to improve bonding in solid phase welding. In: *The International Journal for the Joining of Materials* 6 (2), S. 47–57.

Beerwald, C. (2004): Grundlagen der Prozessauslegung und -gestaltung bei der elektromagnetischen Umformung. Dissertation. Technische Universität Dortmund, Dortmund. Institut für Umformtechnik und Leichtbau.

Bellmann, J.; Wagner, M.; Jahn, A.; Brenner, B.; Kröger, M. (2014): Stahl-Aluminium-Mischverbindung für belastungsgerechten Werkstoffeinsatz. In: *Lightweight Design* (6), S. 32–38, zuletzt geprüft am 14.06.2016.

Bellmann, J.; Lueg-Althoff, J.; Göbel, G.; Gies, S.; Beyer, E.; Tekkaya, A. E. (2016a): Effects of Surface Coatings on the Joint Formation During Magnetic Pulse Welding in Tube-to-Cylinder Configuration. In: A. E. Tekkaya und M. Kleiner (Hg.): ICHSF 2016. Proceedings of the 7th International Conference on High Speed Forming. International Conference on High Speed Forming. Dortmund, 27./28.04.2016. IUL, S. 279–288.

Bellmann, J.; Kirchhoff, G.; Lueg-Althoff, J.; Schulze, S.; Gies, S.; Beyer, E.; Tekkaya, A. E. (2016b): Magnetic Pulse Welding: Joining within Microseconds – High Strength Forever. In: American Welding Society and Japan Welding Society (Hg.): Proceedings of the 10th International Conference on Trends in Welding Research and 9th International Welding Symposium of Japan Welding Society. Unter Mitarbeit von T. Koseki, A. Hirose und K. Oi. 10th International Conference on Trends in Welding Research and 9th International Welding Symposium of Japan Welding Society. Tokyo, 11.-14.10.2016, S. 91–94.

Bellmann, J.; Lueg-Althoff, J.; Schulze, S.; Gies, S.; Beyer, E.; Tekkaya, A. E. (2016c): Magnetic Pulse Welding: Solutions for Process Monitoring within Pulsed Magnetic Fields. In: Vasco Otero (Hg.): EAPPC & BEAMS & MEGAGAUSS 2016 - Proceedings. Euro-Asian Pulsed Power Conference & Conference on High-Power Particle Beams. Estoril, Portugal, 18.-22.09.2016. Loughborough University.

Bellmann, J.; Lueg-Althoff, J.; Schulze, S.; Gies, S.; Beyer, E.; Tekkaya, A. E. (2016d): Measurement and Analysis Technologies for Magnetic Pulse Welding. Established Methods and New Strategies. In: *Advances in Manufacturing* (4), S. 322–339. DOI: 10.1007/s40436-016-0162-5.

Bellmann, J. (2016): Verfahren und Vorrichtung zur Prozessüberwachung bei einer mittels Kollisionsschweißen gebildeten Schweißnaht am 16.09.2016. Veröffentlichungsnr: DE 10 2016 217 758 B3.

Bellmann, J.; Lueg-Althoff, J.; Schulze, S.; Gies, S.; Beyer, E.; Tekkaya, A. E. (2017a): Measurement of Collision Conditions in Magnetic Pulse Welding Processes. In: *Journal of Physical Science and Application* 7 (4), S. 1–10. DOI: 10.17265/2159-5348/2017.04.001.

Bellmann, J.; Beyer, E.; Lueg-Althoff, J.; Gies, S.; Tekkaya, A. E.; Schettler, S.; Schulze, S. (2017b): Targeted Weld Seam Formation and Energy Reduction at Magnetic Pulse Welding (MPW). In: *Biuletyn Instytutu Spawalnictwa* 2017 (5), S. 91–102. DOI: 10.17729/ebis.2017.5/10.

Bellmann, J.; Lueg-Althoff, J.; Schulze, S.; Gies, S.; Beyer, E.; Tekkaya, A. E. (2018a): Effects of Reactive Interlayers in Magnetic Pulse Welding. In: G. S. Daehn und A. E. Tekkaya (Hg.): Proceedings of the 8th International Conference on High Speed Forming. 8th International Conference on High Speed Forming. Columbus, 13.-16.05.2018. The Ohio State University.

Bellmann, J.; Lueg-Althoff, J.; Schulze, S.; Gies, S.; Beyer, E.; Tekkaya, A. E. (2018b): Parameter Identification for Magnetic Pulse Welding Applications. In: *Key Engineering Materials* 767, S. 431–438. DOI: 10.4028/www.scientific.net/KEM.767.431.

Bellmann, J.; Ueberschär, F.; Lueg-Althoff, J.; Schulze, S.; Hahn, M.; Beyer, E.; Tekkaya, A. E. (2019a): Effect of the Forming Behavior on the Impact Flash during Magnetic Pulse Welding of Tubes. In: Y. P. Korkolis, B. L. Kinsey, M. Knezevic und N. Padhye (Hg.): Proceedings of NUMIFORM 2019. 13th International Conference on Numerical Methods in Industrial Forming Processes. Portsmouth, New Hampshire, 23.-27.06.2019: The Minerals, Metals & Materials Society (TMS), S. 651–654.

Bellmann, J.; Lueg-Althoff, J.; Schulze, S.; Hahn, M.; Gies, S.; Beyer, E.; Tekkaya, A. E. (2019b): Effect of the wall thickness on the forming behavior and welding result during magnetic pulse welding. In: *Materialwissenschaft und Werkstofftechnik* 212, S. 150. DOI: 10.1002/mawe.201900024.

Bellmann, J.; Schettler, S.; Dittrich, S.; Lueg-Althoff, J.; Schulze, S.; Hahn, M. et al. (2019c): Experimental study on the magnetic pulse welding process of large aluminum tubes on steel rods. In: T. Lampke, Guntram Wagner und M.F.-X. Wagner (Hg.): Tagungsband zum 21. Werkstofftechnischen Kolloquium. 21. Werkstofftechnisches Kolloquium. Chemnitz, 06./07.03.2019. Institut für Werkstoffwissenschaft und Werkstofftechnik. Chemnitz: Eigenverlag (Werkstoffe und werkstofftechnische Anwendungen, 82), S. 88–97.

Bellmann, J.; Lueg-Althoff, J.; Schulze, S.; Hahn, M.; Gies, S.; Beyer, E.; Tekkaya, A. E. (2019d): Magnetic pulse welding of tubular parts. In: Lander Galdos, Pedro Arrazola, Eneko Saenz de Argandoña, Nagore Otegi, Joseba Mendiguren, Aitor Madariaga und Mikel Saez de Buruaga (Hg.): Proceedings of the 22nd International ESAFORM Conference on Material Forming (ESAFORM 2019). Vitoria-Gasteiz, Spain, 8.–10.5.2019: AIP Publishing (AIP Conference Proceedings), S. 50015.

Bellmann, J.; Lueg-Althoff, J.; Schulze, S.; Hahn, M.; Gies, S.; Beyer, E.; Tekkaya, A. E. (2019e): Thermal Effects in Dissimilar Magnetic Pulse Welding. In: *Metals* 9 (3), S. 348. DOI: 10.3390/met9030348.

Bellmann, J.; Lueg-Althoff, J.; Niessen, B.; Böhme, M.; Schumacher, E.; Beyer, E. et al. (2020): Particle ejection by jetting and related effects in impact welding processes. In: *Metals*, 10 (8), S. 1108. DOI: 10.3390/met10081108.

Bellmann, J.; Schettler, S.; Schulze, S.; Wagner, M.; Standfuß, J.; Zimmermann, M. et al. (2021): Improving and monitoring the magnetic pulse welding process between dissimilar metals. In: *Welding in the World* 65, S.199–209. DOI: 10.1007/s40194-020-01009-8.

Ben-Artzy, A.; Stern, A.; Frage, N.; Shribman, V. (2008): Interface phenomena in aluminium-magnesium magnetic pulse welding. In: *Science and Technology of Welding and Joining* 13 (4), S. 402–408. DOI 10.1179/174329308X300136.

Ben-Artzy, A.; Stern, A.; Frage, N.; Shribman, V.; Sadot, O. (2010): Wave Formation Mechanism in Magnetic Pulse Welding. In: *International Journal of Impact Engineering* (37), S. 397–404. DOI: 10.1016/j.ijimpeng.2009.07.008.

Benoit, R. L.; Dickson, J. A.; Mascolo, A.; Rachowitz, B. I.; Spacht, G. L. (2000): Method of Joining Metal Components. Angemeldet durch Fuel Cell Components and Integrators, Inc. am 01.05.2000. Veröffentlichungsnr: US006452139B1.

Bergmann, O. R.; Cowan, G.R.; Holtzmann, A. H. (1966): Experimental Evidence of Jet Formation During Explosion Gladding. In: *Transactions Metallurgical Society AIME* (236), S. 646–653.

Bikar-Metalle GmbH (2019): EN AW-6060. Online verfügbar unter https://www.bikar.com/fileadmin/download/6060-komplett.pdf, zuletzt geprüft am 21.02.2019.

Bmax (2016): Magnetic Pulse Welding - The ultimate solution for driveshaft manufacturers. Hg. v. Bmax. Bmax. Toulouse. Online verfügbar unter https://www.bmax.com/wp-content/uploads/2018/03/wp2015_mpw_driveshaft3.pdf, zuletzt geprüft am 18.02.2020.

Bmax (2019a): Products. Systems. Hg. v. Bmax. Online verfügbar unter https://www.bmax.com/products/systems/, zuletzt aktualisiert am 10.12.2019.

Bmax (2019b): Applications. Discover the variety of Applications. Hg. v. Bmax. Online verfügbar unter https://www.bmax.com/applications/, zuletzt aktualisiert am 10.12.2019.

Böhme, M.; Sharafiev, S.; Schumacher, E.; Böhm, S.; Wagner, M.F.X. (2019): On the microstructure and the origin of intermetallic phase seams in magnetic pulse welding of aluminum and steel. In: *Materialwiss. Werkstofftech.* 100, S. 35. DOI: 10.1002/mawe.201900034.

Botros, K.K.; Groves, T.K. (1980): Fundamental impact-welding parameters—an experimental investigation using a 76-mm powder cannon. In: *Journal of Applied Physics* 51 (7), S. 3706–3714. DOI: 10.1063/1.328156.

Brosius, A. (2005): Verfahren zur Ermittlung dehnratenabhängiger Fließkurven mittels elektromagnetischer Rohrumformung und iterativer Finite-Element-Analysen. Dissertation. Technische Universität Dortmund, Dortmund.

Brune, R. C.; Hansen, S. R.; Vivek, A.; Sosa, J. M.; Daehn, G. S. (2017): Profile indentation pressure evaluation method for impulse manufacturing technologies. In: *Journal of Materials Processing Technology* 248, S. 185–197. DOI: 10.1016/j.jmatprotec.2017.05.023.

Cai, H.; Chen, B.; Wang, H.; Schoenborn, R. (2006): Vehicle exhaust component assembly using magnetic pulse welding. Angemeldet durch Automotive Components Holding LLC am 26.09.2006. Veröffentlichungsnr: US 7,818,881 B2.

Cai, W.; Daehn, G.; Li, J.; Mishra, R.; Vivek, A.; Khan, H.; Komarasamy, M. (2018): A State-of-the-Art Review on Solid-state Metal Joining. In: *J. Manuf. Sci. Eng.* DOI: 10.1115/1.4041182.

Carpenter, S.H.; Wittmann, R.H. (1975): Explosive Welding. In: *Annual Reviews of Materials Science* (5), S. 177–199.

Chadwick, M. D.; Jackson, P. W. (1983): Explosive Welding in Planar Geometries. In: T. Z. Blazynski (Hg.): Explosive Welding, Forming and Compaction. London: Applied Science Publishers, S. 219–287.

Cowan, G. R.; Bergmann, O. R.; Holtzmann, A. H. (1971): Mechanism of Bond Zone Wave Formation in Explosion-Clad Metals. In: *Metallurgical Transactions* 2, S. 3145–3155.

Cowper, G. R.; Symonds, P. S. (1957): Strain-hardening and strain-rate effects in the impact loading of cantilever beams. Division of applied mathematics, Brown University Providence.

Cramer, H.; Appel, L. (2012): PULSCRIMP - Weiterentwicklung des Magnetimpuls-Krimpens von rohrförmigen Überlappverbindungen mit und ohne Zusatzwerkstoff. FA5-Sitzung, Laufendes Forschungsvorhaben 05.045 (40 EN CORNET). GSI SLV München. Düsseldorf, 20.09.2012, zuletzt geprüft am 08.04.2016.

Crossland, Bernard (1982): Explosive welding of metals and its application. Oxford (UK): Clarendon Press.

Cuq-Lelandais, J.-P.; Ferreira, S.; Avrillaud, G.; Mazars, G.; Rauffet, B. (2014): Magnetic Pulse Welding: welding windows and high velocity impact simulations. In: H. Huh und A. E. Tekkaya (Hg.): ICHSF2014. Proceedings of the 6th International Conference on High Speed Forming. 6th International Conference on High Speed Forming. Daejeon, Korea, 26.-29.5.2014, S. 199–206.

Cuq-Lelandais, J.-P.; Avrillaud, G.; Ferreira, S.; Mazars, G.; Nottebaert, A.; Teilla, G.; Shribman, V. (2016): 3D Impacts Modeling of the Magnetic Pulse Welding Process and Comparison to Experimental Data. In: A. E. Tekkaya und M. Kleiner (Hg.): ICHSF 2016. Proceedings of the 7th International Conference on High Speed Forming. International Conference on High Speed Forming. Dortmund, 27./28.04.2016. IUL, S. 13–22.

Deribas, A.A.; Zakharenko, I. D. (1974): Surface effects with oblique collisions between metallic plates. Translated from Fisika Goreniya I. In: *Vzyva* (Vol. 10 No 3), S. 409–421.

Deutsche Edelstahlwerke (2011): Unlegierter Vergütungsstahl 1.1191/1.1201. C45E/C45R. Deutsche Edelstahlwerke. Witten. Online verfügbar unter https://www.dew-stahl.com/fileadmin/files/dew-stahl.com/documents/Publikationen/Werkstoffdatenblaetter/Baustahl/1.1191_1.1201_de.pdf, zuletzt geprüft am 21.02.2019.

Deutsche Forschungsgemeinschaft (2012): Schwerpunktprogramm „Fügen durch plastische Deformation" (SPP 1640). Information für die Wissenschaft Nr. 5. Hg. v. Deutsche Forschungsgemeinschaft. Online verfügbar unter https://www.dfg.de/foerderung/info_wissenschaft/2012/info_wissenschaft_12_05/index.html, zuletzt aktualisiert am 17.01.2012, zuletzt geprüft am 06.02.2020.

Dietz, H.; Lippmann, H.-J.; Schenk, H. (1967): Theorie des Magnetform Generators: Abgestufter Feldkonzentrator.

Dietz, H.; Lippmann, H.J.; Schenk, H. (1968): Theorie des Magnetform-Verfahrens: Die Bewegung des Werkstücks. In: *ETZ-A* (89/12), S. 273–278.

Dietz, H.; Lippmann, H.-J. (1969): Messung der magnetischen Induktion in einer Magneform-Kompressionsspule. In: *Elektrotechnische Zeitschrift* 90 (3), S. 51–54, zuletzt geprüft am 18.09.2014.

Dietz, H.; Lippmann, H.J.; Schenk, H. (1969): Theorie des Magnetform-Verfahrens: Erreichbarer Druck. In: *ETZ-A* (88/9), S. 217–222.

DIN EN ISO 4063 (2011): Schweißen und verwandte Prozesse – Liste der Prozesse und Ordnungsnummern, zuletzt geprüft am 19.08.2014.

DIN EN ISO 6520-2 (2013): Schweißen und verwandte Prozesse – Einteilung von geometrischen Unregelmäßigkeiten an metallischen Werkstoffen -Teil 2: Pressschweißungen, zuletzt geprüft am 06.09.2016.

Durand, B. (2001a): Magnetic Pulse Welding Process To Decrease Vehicle Weight and Increase Fuel Efficiency. Hg. v. Dana Corporation. Online verfügbar unter https://pdfs.semanticscholar.org/b6fd/c3f2dee34a4c1aef1a331d9de459099721de.pdf, zuletzt geprüft am 25.11.2019.

Durand, R. D. (2001b): Molecular bonding of vehicle frame components using magnetic impulse welding techniques. Angemeldet durch Dana Corporation am 21.05.2001. Veröffentlichungsnr: US 6,548,792 B1.

DVS Merkblatt 2902-3, (2016): Widerstandspunktschweißen von Stählen bis 3 mm Einzeldicke - Konstruktion und Berechnung.

Eichhorn, G. (1976): Analysis of the hypervelocity impact process from impact flash measurements. In: *Planetary and Space Science* 24 (8), S. 771–781. DOI: 10.1016/0032-0633(76)90114-8.

Engelhardt, M.; Klose, C. (2014): Experimental investigations on forming limits for aluminium alloy sheet metal at various strain rates. In: H. Huh und A. E. Tekkaya (Hg.): ICHSF2014. Proceedings of the 6th International Conference on High Speed Forming. 6th International Conference on High Speed Forming. Daejeon, Korea, 26.-29.5.2014, S. 11–20.

Epechurin, V. P. (1974): Properties of bimetal joints produced by magnetic pulse welding. In: *Welding Production* 21 (5), S. 21–24.

Faes, K. (2011): Tube Welding. Belgian Welding Institute. Online verfügbar unter https://www.bil-ibs.be/sites/default/files/publicaties/andere/tube_welding_-_rev_7.pdf, zuletzt geprüft am 28.01.2020.

Fischer, Ulrich (2008): Tabellenbuch Metall. 44., neu bearbeitete Aufl., 6. Druck. Haan-Gruiten: Europa Lehrmittel.

Gabzdyl, J.; Capostagno, D. (2017): Pulsed nanosecond fiber laser can join dissimilar materials. Process breaks conventional Laser welding rules (January/February), S. 24–26, zuletzt geprüft am 10.12.2019.

Gafri, O.; Izhar, A.; Livshitz, Y.; Shribman, V. (2006): Magnetic Pulse Acceleration. In: M. Kleiner (Hg.): ICHSF2006. Proceedings of the 2nd International Conference on High Speed Forming. 2nd International Conference on High Speed Forming. Dortmund, Germany, 20./21.3.2006, S. 33–40.

Gerlitzky, C.; Arbo, S. M.; Westermann, I.; Groche, P. (2019): The influence of silicon in EN AW 6082 alloys on the bond strength in cold pressure welding. In: Lander Galdos, Pedro Arrazola, Eneko Saenz de Argandoña, Nagore Otegi, Joseba Mendiguren, Aitor Madariaga und Mikel Saez de Buruaga (Hg.): Proceedings of the 22nd International ESAFORM Conference on Material Forming (ESAFORM 2019), Bd. 2113. Vitoria-Gasteiz, Spain, 8.–10.5.2019: AIP Publishing (AIP Conference Proceedings), S. 50020.

Gersdorf, R.; Muller, F. A.; Roeland, L. W. (1965): Design of High Field Magnet Coils for Long Pulses. In: *Review of Scientific Instruments* 36 (8), S. 1100–1109. DOI: 10.1063/1.1719811.

Ghosh, P.; Patra, S.; Chatterjee, S.; Shome, M. (2018): Microstructural evaluation of magnetic pulse welded plain carbon steel sheets. In: *Journal of Materials Processing Technology* 254, S. 25–37. DOI: 10.1016/j.jmatprotec.2017.11.012.

Gies, S.; Tekkaya, A. E. (2017): Analytical prediction of Joule heat losses in electromagnetic forming coils. In: *Journal of Materials Processing Technology* 246, S. 102–115. DOI: 10.1016/j.jmatprotec.2017.03.008.

Gies, S.; Tekkaya, A. E. (2018): Design of Hybrid Conductors for Electromagnetic Forming Coils. In: G. S. Daehn und A. E. Tekkaya (Hg.): Proceedings of the 8th International Conference on High Speed Forming. 8th International Conference on High Speed Forming. Columbus, 13.-16.05.2018. The Ohio State University.

Göbel, G.; Kaspar, J.; Herrmannsdörfer, T.; Brenner, B.; Beyer, E. (2010): Insights into intermetallic phases on pulse welded dissimilar metal joints. In: G. Daehn, Y. Zhang, K. Babusci, C. Weddeling, M. Marré und A. E. Tekkaya (Hg.): ICHSF2010. Proceedings of the 4th International Conference on High Speed Forming. 4th International Conference on High Speed Forming. Columbus, Ohio, USA, 9./10.3.2010, S. 127–136.

Goede, M.; Stehlin, M.; Rafflenbeul, L.; Kopp, G.; Beeh, E. (2009): Super Light Car--lightweight construction thanks to a multi-material design and function integration. In: *European Transport Research Review* 1 (1), S. 5–10. DOI: 10.1007/s12544-008-0001-2.

Groche, P.; Wagner, M.F.-X.; Pabst, C.; Sharafiev, S. (2014): Development of a novel test rig to investigate the fundamentals of impact welding. In: *Journal of Materials Processing Technology* 214 (10), S. 2009–2017. DOI: 10.1016/j.jmatprotec.2013.10.008.

Groche, P.; Becker, M.; Pabst, C. (2017): Process window acquisition for impact welding processes. In: *Materials & Design* 118, S. 286–293.

Günther; Schramm (2020): Datasheet C45 (1.0503). Hg. v. Günther + Schramm. Online verfügbar unter https://www.gs-stahl.de/images/C45.pdf, zuletzt geprüft am 18.02.2020.

Hassani-Gangaraj, M.; Veysset, D.; Nelson, K. A.; Schuh, C. A. (2017): Melting Can Hinder Impact-Induced Adhesion. In: *Physical review letters* 119 (17), S. 175701. DOI: 10.1103/PhysRevLett.119.175701.

Hassani-Gangaraj, M.; Veysset, D.; Nelson, K. A.; Schuh, C. A. (2018): In-situ observations of single micro-particle impact bonding. In: *Scripta materialia* 145, S. 9–13. DOI: 10.1016/j.scriptamat.2017.09.042.

ICS24 & Service GmbH (2013): Produktkatalog. Hg. v. ICS24 & Service GmbH. Online verfügbar unter https://ics24-services.de/wp-content/uploads/2017/08/ICS24_GESAMTKATALOG_2017_web.pdf.

Inal, O.T.; Szecket, A.; Vigueras, D. J.; Pak, H.-r. (1985): Explosive welding of Ti-SAl-4V to mildsteel substrates. In: *Journal of Vacuum Science & Technology*, S. 2605.

Ishutkin, S. N.; Kirko, V. I.; Simonov, V. A. (1979): Thermal action of shock-compressed gas on the surface of colliding plates. In: *Fizika Goreniya / Vzryva* 16 (6), S. 69–73, zuletzt geprüft am 14.09.2017.

Jablonski, J.; Winkler, R. (1978): Analysis of the electromagnetic forming process. In: *International Journal of Mechanical Sciences* 20 (5), S. 315–325. DOI: 10.1016/0020-7403(78)90093-0.

Jäger, A.; Tekkaya, A. E. (2012): Online Measurement of the Radial Workpiece Displacement in Electromagnetic Forming Subsequent to Hot Aluminum Extrusion. In: Tekkaya, A.E., Daehn, G.S., Kleiner, M. (Hg.): ICHSF 2012. Proceedings of the 5th International Conference on High Speed Forming. 5th International Conference on High Speed Forming. Dortmund, Deutschland, 24.-26.04.2012, S. 13–22.

Jean, B.; Rollins, T. L. (1970): Radiation from hypervelocity impact generated plasma. In: *AIAA Journal* 8 (10), S. 1742–1748. DOI: 10.2514/3.5984.

Kapil, A.; Sharma, A. (2015): Magnetic Pulse Welding: An efficient and environmentally friendly multi-material joining technique. In: *Journal of Cleaner Production* (100), S. 35–58. DOI: 10.1016/j.jclepro.2015.03.042.

Karolczuk, A.; Kowalski, M.; Bański, R.; Żok, F. (2013): Fatigue phenomena in explosively welded steel–titanium clad components subjected to push–pull loading. In: *International Journal of Fatigue* 48, S. 101–108. DOI: 10.1016/j.ijfatigue.2012.10.007.

Kaspar, J.; Zimmermann, M.; Ostwaldt, A.; Goebel, G.; Standfuß, J.; Brenner, B. (2014): Challenges in Joining Aluminium with Copper for Applications in Electro Mobility. In: *MSF* 783-786, S. 1747–1752. DOI: 10.4028/www.scientific.net/MSF.783-786.1747.

Kochan, A. (2000): Magnetic pulse welding shows potential for automotive applications. In: *Assembly Automation* 20 (2), S. 129–132. DOI: 10.1108/01445150010321742.

Kore, S. D.; Date, P. P.; Kulkarni, S. V.; Kumar, S.; Rani, D.; Kulkarni, M. R. et al. (2011): Application of electromagnetic impact technique for welding copper-to-stainless steel sheets. In: *International Journal of Advanced Manufacturing Technology* 54, S. 949–955. DOI: 10.1007/s00170-010-2981-z.

Koschlig, M.; Veehmayer, M.; Raabe, D. (2008): Production of Steel-Light Metal Compounds with Explosive Metal Cladding. In: M. Kleiner und A. E. Tekkaya (Hg.): ICHSF2008. Proceedings of the 3rd International Conference on High Speed Forming. 3rd International Conference on High Speed Forming. Dortmund, Deutschland, 11.-12.03.2008, S. 23–32.

Kuz'min, V. I.; Lysak, V. I.; Kriventsov, A. N.; Yakovlev, M. A. (2004): Critical conditions of the formation and failure of welded joints in explosive welding. In: *Welding international* (18(3)), S. 223–227.

L'Eplattenier, P.; Cook, G.; Ashcraft, C. (2008): Introduction of an electromagnetism module in LS-DYNA for coupled mechanical thermal electromagnetics simulations. In: M. Kleiner und A. E. Tekkaya (Hg.): ICHSF2008. Proceedings of the 3rd International Conference on High Speed Forming. 3rd International Conference on High Speed Forming. Dortmund, Deutschland, 11.-12.03.2008, S. 85–96.

Lee, K.-J.; Kumai, S.; Arai, T.; Aizawa, T. (2007): Interfacial microstructure and strength of steel/aluminum alloy lap joint fabricated by magnetic pressure seam welding. In: *Materials Science and Engineering: A* 471 (1–2), S. 95–101.

L'Eplattenier, P.; Caldichoury, I. (2012): Electromagnetism and Linear Algebra in LS-DYNA. EM Theory Manual. Hg. v. Livermore Software Technology Corporation (LSTC). Online verfügbar unter https://ftp.lstc.com/anonymous/outgoing/inaki/docs/pdf_em/EM_theory.pdf, zuletzt geprüft am 27.07.2020.

Li, J.; Yu, Q.; Zhang, Z.; Xu, W.; Sun, X. (2016): Formation mechanism for the nanoscale amorphous interface in pulse-welded Al/Fe bimetallic systems. In: *Appl. Phys. Lett.* 108 (20), S. 201606. DOI: 10.1063/1.4947465.

Linzell; Geoffrey; Robert (2003): Improved Means of Impact Welding am 14.02.2003. Veröffentlichungsnr: WO 2004/073913 A2.

Livermore Software Technology Corporation (LSTC) (2017): LS-DYNA® Keyword User's Manual. Volume I LS-DYNA R10.0 10/16/17 (r:9023). Online verfügbar unter https://www.dynasupport.com/manuals/ls-dyna-manuals/ls-dyna-manual-r10.0-vol-i, zuletzt geprüft am 17.02.2020.

Livshiz, Y.; Gafri, O.; Izhar, A. (2002): Magnetic pulse accelerators in industry. simulation and practice. In: *Pulsed Power Plasma Science*, S. 1197–1200.

Lorenz, A.; Lueg-Althoff, J.; Bellmann, J.; Göbel, G.; Gies, S.; Weddeling, C. et al. (2016): Workpiece Positioning during Magnetic Pulse Welding of Aluminum-Steel Joints. In: *Welding journal* 95 (3), S. 101–109. Online verfügbar unter https://s3.amazonaws.com/WJ-www.aws.org/supplement/WJ_2016_03_s101.pdf.

Lueg-Althoff, J.; Schilling, B.; Bellmann, J.; Gies, S.; Schulze, S.; Tekkaya, A. E.; Beyer, E. (2016): Influence of the Wall Thicknesses on the Joint Quality during Magnetic Pulse Welding in Tube-to-Tube Configuration. In: TU-Dortmund IUL (Hg.): 7th International Conference on High Speed Forming - 2016. 7th International Conference on High Speed Forming - 2016. Dortmund, 26.-28.04.2016, S. 259–268, zuletzt geprüft am 15.04.2016.

Lueg-Althoff, J.; Bellmann, J.; Gies, S.; Schulze, S.; Tekkaya, A. E.; Beyer, E. (2018a): Influence of the Flyer Kinetics on Magnetic Pulse Welding of Tubes. In: *Journal of Materials Processing Technology* (262), S. 189–203. DOI: 10.1016/j.jmatprotec.2018.06.005.

Lueg-Althoff, J.; Schilling, B.; Bellmann, J.; Gies, S.; Schulze, S.; Tekkaya, A. E.; Beyer, E. (2018b): Influence of the Free Compression Stage on Magnetic Pulse Welding of Tubes. In: G. S. Daehn und A. E. Tekkaya (Hg.): Proceedings of the 8th International Conference on High Speed Forming. 8th International Conference on High Speed Forming. Columbus, 13.-16.05.2018. The Ohio State University.

Lueg-Althoff, J. (2019): Fügen von Rohren durch elektromagnetische Umformung – Magnetpulsschweißen. Dissertation. TU Dortmund, Dortmund. Institut für Umformtechnik und Leichtbau.

Lysak, V.I.; Kuzmin, S.V. (2012): Lower Boundary in Metal Explosive Welding: Evolution of Ideas. In: *Journal of Materials Processing Technology* (212), S. 150–156. DOI: 10.1016/j.jmatprotec.2011.08.017.

Lysenko, D.N.; Ermolaev, V.V.; Dudin, A.A. (1970): Methods of pressure welding. Veröffentlichungsnr: US 3,520,049.

Ma, E.; Thompson, C. V.; Clevenger, L. A.; Tu, K. N. (1990): Self-propagating explosive reactions in Al/Ni multilayer thin films. In: *Appl. Phys. Lett.* 57 (12), S. 1262–1264. DOI: 10.1063/1.103504.

Magneform (1978): Pulsed Magnetic Welding. First in Electromagnetic Forming (EMF). Hg. v. Magneform. Online verfügbar unter http://www.magneform.com/PulsedMagneticWelding.html, zuletzt geprüft am 25.07.2020.

Marstatt, R.; Krutzlinger, M.; Luderschmid, J.; Zaeh, M. F.; Haider, F. (2017): Formation of a diffusion-based intermetallic interface layer in friction stir welded dissimilar Al-Cu lap joints. In: *IOP Conf. Ser.: Mater. Sci. Eng.* 181, S. 12002. DOI: 10.1088/1757-899X/181/1/012002.

Marya, M.; Marya, S. (2004): Interfacial microstructures and temperatures in aluminium–copper electromagnetic pulse welds. In: *Science and Technology of Welding and Joining* 9 (6), S. 541–547. DOI: 10.1179/174329304X8685.

Marya, M.; Marya, S.; Priem, D. (2005): On the characteristics of electromagnetic welds between aluminium and other metals an alloys. In: *Welding in the World* (49), S. 74–84.

Metalle pro Klima (Hg.) (2017): Mobilität von Morgen gestalten, zuletzt geprüft am 25.11.2019.

Mikhailov, A. N.; Dremin, A. N.; Fettsov, V. P. (1976): Measurement of the temperature in the zone of the seam with the explosive welding of metals. In: *Combustion, Explosion and Shock Waves* 12 (4), S. 538–545. DOI: 10.1007/BF00741148.

Pabst, C.; Groche, P. (2014): Electromagnetic Pulse Welding: Process Insights by High Speed Imaging and Numerical Simulation. In: H. Huh und A. E. Tekkaya (Hg.): ICHSF2014. Proceedings of the 6th International Conference on High Speed Forming. 6th International Conference on High Speed Forming. Daejeon, Korea, 26.-29.5.2014, S. 77–88.

Pabst, C.; Groche, P. (2016): The Influence of Thermal and Mechanical Effects on the Bond Formation During Impact Welding. In: A. E. Tekkaya und M. Kleiner (Hg.): ICHSF 2016. Proceedings of the 7th International Conference on High Speed Forming. International Conference on High Speed Forming. Dortmund, 27./28.04.2016. IUL, S. 309–320. Online verfügbar unter https://eldorado.tu-dortmund.de/bitstream/2003/34949/1/29_Pabst_ICHSF2016.pdf, zuletzt geprüft am 10.05.2016.

Pai, V. V.; Kuz'min, G. E. (1994): Experimental determination of temperature of a metal jet. In: *Combust Explos Shock Waves* 30 (3), S. 346–349. DOI: 10.1007/BF00789428.

Pasquale, Pablo; Pabst, Christian; Schäfer, Ralph (2016): The Electromagnetic Pulse Technology (EMPT). Theory, Case examples, Design examples.

Pelz, P. F.; Kuhr, M. M. G. (2018): Interface instability of an inelastic normal collision. In: *Arch Appl Mech* 37 (4), S. 397. DOI: 10.1007/s00419-018-1420-8.

Power Electronic Measurements Ltd. (2002): CWT current probe - Application Notes. Hg. v. Power Electronic Measurements Ltd. Online verfügbar unter http://pemuk.com/products/cwt-current-probe/cwt.aspx, zuletzt geprüft am 10.05.2016.

Presson, A.; Almgren, L.-A. (1986): Recoding the Displacement of a Non-Uniform Plate Accelerated by a Detonating Layer of Explosive. In: Lawrence E. Murr, Karl P. Staudhammer und Marc A. Meyers (Hg.): Metallurgical applications of shock-wave and high-strain-rate phenomena. New York: Dekker (Mechanical engineering (Marcel Dekker, Inc.), 52), S. 867–876.

PSTproducts GmbH (2019): Rohranwendungen. Hg. v. PSTproducts GmbH. Online verfügbar unter https://www.pstproducts.com/de/empt_rohranwendungen.html, zuletzt aktualisiert am 10.12.2019.

Psyk, V.; Gershteyn, G.; Demir, O. K.; Brosius, A.; Tekkaya, A. E.; Schaper, M.; Bach, F.-W. (2008): Process Analysis and Physical Simulation of Electromagnetic Joining of Thin-Walled Parts. In: M. Kleiner und A. E. Tekkaya (Hg.): ICHSF2008. Proceedings of the 3rd International Conference on High Speed Forming. 3rd International Conference on High Speed Forming. Dortmund, Deutschland, 11.-12.03.2008, S. 181–190.

Psyk, V.; Risch, D.; Kinsey, B. L.; Tekkaya, A. E.; Kleiner, M. (2011): Electromagnetic Forming-A Review. In: *Journal of Materials Processing Technology*, S. 787–829. DOI: 10.1016/j.jmatprotec.2010.12.012.

Psyk, Verena; Scheffler, Christian; Drossel, Welf-Guntram; Kolchuzhin, Vladimir; Mehner, Jan; Faes, Koen et al. (2014): Advanced coil design for electromagnetic pulse technology - Report on the methodology of coil design. Ergebnisse des Vorhabens der industriellen Gemeinschaftsforschung (IGF) gefördert über die Arbeitsgemeinschaft industrieller Forschungsvereinigungen e.V. Hannover: Europ. Forschungsges. für Blechverarbeitung (EFB-Forschungsbericht, 397).

Raoelison, R. N.; Racine, D.; Zhang, Z.; Buiron, N.; Marceau, D.; Rachik, M. (2014): Magnetic pulse welding. Interface of Al/Cu joint and investigation of intermetallic formation effect on the weld features. In: *Journal of Manufacturing Processes* 16 (4), S. 427–434. DOI: 10.1016/j.jmapro.2014.05.002.

Rebensdorf, A.; Böhm, S. (2016): Increase of the Reproducibility of Joints Welded with Magnetic Pulse Technology Using Graded Surface Topographies. In: A. E. Tekkaya und M. Kleiner (Hg.): ICHSF 2016. Proceedings of the 7th International Conference on High Speed Forming. International Conference on High Speed Forming. Dortmund, 27./28.04.2016. IUL, S. 125–136.

Samandari, M.; Abrinia, K.; Akbarzadeh, A.; Bulaqi, H. A.; Faraji, G. (2017): Properties and Mechanism of Al/St Bimetal Tube Bonding Produced by Cold Spin-Bonding (CSB) Process. In: *Trans Indian Inst Met* 70 (10), S. 2673–2682. DOI: 10.1007/s12666-017-1128-4.

Schmelzmetall (2014): Werkstoffdatenblatt HOVADUR® CCZ. Ausgabe Nr. 03DE. Hg. v. Schmelzmetall. Online verfügbar unter https://www.schmelzmetall.com/fileadmin/downloads/hovadur/hovadur-ccz-kaltverformt-de.pdf, zuletzt geprüft am 10.02.2020.

Schulze, Sebastian (2016): Neuartige Spannkonzepte mit aktiver Verzugskompensation beim Rührreibschweißen. Stuttgart: Fraunhofer Verlag (Dresdner fügetechnische Berichte, 36 (2016)). Online verfügbar unter http://publica.fraunhofer.de/eprints/urn_nbn_de_0011-n-4106046.pdf, zuletzt geprüft am 06.02.2020.

Seeberger (2016): Datasheet AlMgSi (EN AW-6060). Hg. v. Seeberger. Schalksmühle. Online verfügbar unter http://www.seeberger.net/_assets/pdf/werkstoffe/aluminium/de/AlMgSi.pdf, zuletzt geprüft am 18.02.2020.

Sharafiev, S.; Wagner, M. F.-X.; Pabst, C.; Groche, P. (2016): Microstructural characterisation of interfaces in magnetic pulse welded aluminum/aluminum joints. In: T. Lampke, G. Wagner und M.F.-X. Wagner (Hg.): Tagungsband zum 18. Werkstofftechnischen Kolloquium. 18. Werkstofftechnisches Kolloquium. Chemnitz, 10./11.03.2016 (Werkstoffe und werkstofftechnische Anwendungen, 59), S. 294–298, zuletzt geprüft am 15.04.2016.

Shribman, V.; Gafri, O.; Livshitz, Y. (2001): Magnetic pulse welding for automotive materials. In: David Roessler (Hg.): Proceedings of the 2001 Global Powertrain Congress. Global Powertrain Congress. Detroit, June 5 -7, 2001. General Motors Corp., S. 148–156.

Shribman, V. (2008): Magnetic Pulse welding for dissimilar and similar materials. In: M. Kleiner und A. E. Tekkaya (Hg.): ICHSF2008. Proceedings of the 3rd International Conference on High Speed Forming. 3rd International Conference on High Speed Forming. Dortmund, Deutschland, 11.-12.03.2008, S. 13–22.

Sikka, V. K. (1994): Melting, Casting, and Processing of Nickel and Iron Aluminides. In: *MRS Proc.* 364, S. 712. DOI: 10.1557/PROC-364-873.

Simonov, V. A. (1991): Binding Criterion for Metals with explosive welding. In: *Fizika Goreniya / Vzryva* (27/1), S. 127–130.

Song, J.; Kostka, A.; Veehmayer, M.; Raabe, D. (2011): Hierarchical microstructure of explosive joints: Example of titanium to steel cladding. In: *Materials Science and Engineering A* 528, S. 2641–2647.

Stern, A.; Aizenshtein, M. (2002): Bonding zone formation in magnetic pulse welds. In: *Science and Technology of Welding and Joining* 7 (5), S. 339–342.

Stern, A.; Shribman, V.; Ben-Artzy, A.; Aizenshtein, M. (2014): Interface Phenomena and Bonding Mechanism in Magnetic Pulse Welding. In: *J. of Materi Eng and Perform* 23 (10), S. 3449–3458. DOI: 10.1007/s11665-014-1143-0.

Strand, O. T.; Goosman, D. R.; Martinez, C.; Whitworth, T. L.; Kuhlow, W. W. (2006): Compact system for high-speed velocimetry using heterodyne techniques. In: *Review of Scientific Instruments* 77, S. 83108. DOI: 10.1063/1.2336749.

UACJ Corporation (2017): Aluminum. Smart developments. In: *Motor Fan illustrated* (128). Online verfügbar unter https://uacj-automobile.com/ebook/motor_fan_atz extra_issue/index.html, zuletzt geprüft am 21.07.2020.

Umweltbundesamt (2019): Endenergieverbrauch 2017 nach Sektoren und Energieträgern. Hg. v. Umweltbundesamt. Online verfügbar unter https://www.umweltbundesamt.de/daten/energie/energieverbrauch-nach-energietraegern-sektoren, zuletzt geprüft am 25.11.2019.

Verbraak, A. C.; Boes, J. M.; Chirer, E. G.; Visser, L.; Verkaik, A. (1967): Method for Explosive Welding and Explosive Welded Products. Veröffentlichungsnr: US3305922 A.

Walsh, J. M.; Shreffler, R. G.; Willig, F. J. (1953): Limiting Conditions for Jet Formation in High Velocity Collisions. In: *J. Appl. Phys.* 24 (3), S. 349. DOI: 10.1063/1.1721278.

Watanabe, M.; Kumai, S. (2009a): High-Speed Deformation and Collision Behavior of Pure Aluminum Plates in Magnetic Pulse Welding. In: *Materials Transaction, The Japan Institute of Light Metals* (50/8), S. 2035–2042.

Watanabe, M.; Kumai, S. (2009b): Interfacial Morphology of Magnetic Pulse Welded Aluminum/Aluminum and Copper/Copper Lap Joints. In: *Materials Transactions* 50 (2), S. 286–292.

Wittmann, R.H. (1973): The influence of collision parameters on the strength and microstructure of an explosion welded aluminum alloy. In: Use of Explosive Energy in Manufacturing Metallic Materials of New Properties. Proceedings of the 2nd International Symposium. Marianske Lasne, Czechoslovakia, S. 153–158.

Yablochnikov, B. A. (2002): Method of magnetic pulse welding an end fitting to a driveshaft tube of a vehicular driveshaft. Angemeldet durch Torque-Traction Technologies, Inc. am 30.04.2002. Veröffentlichungsnr: US 6,531,688 B2.

Yablochnikov, B. A. (2006): Method of magnetic pulse welding an end fitting to a driveshaft tube of a vehicular driveshaft. Veröffentlichungsnr: US 7,015,435.

Yamashita, M.; Tokushige, Y.; Nikawa, M. (2018): Impact Joining of Similar and Dissimilar Metal Plates at their Edges. In: *MSF* 910, S. 25–30. DOI: 10.4028/www.scientific.net/MSF.910.25.

Zakharenko, I. D.; Sobolenko, T. M. (1971): Thermal effects in the weld zone in explosive welding. In: *Combust Explos Shock Waves* 7 (3), S. 373–375. DOI: 10.1007/BF00742828.

Zhang, Y.; Babu, S.S.; Prothe, C.; Blakely, M.; Kwasegroch, J.; LaHa, M.; Daehn, G.S. (2010a): Application of high velocity impact welding at varied different length scales. In: *Journal of Materials Processing Technology*.

Zhang, Y.; Babu, S.; Daehn, G.S. (2010b): Impact Welding in a Variety of Geometric Configurations. In: G. Daehn, Y. Zhang, K. Babusci, C. Weddeling, M. Marré und A. E. Tekkaya (Hg.): ICHSF2010. Proceedings of the 4th International Conference on High Speed Forming. 4th International Conference on High Speed Forming. Columbus, Ohio, USA, 9./10.3.2010, S. 97–107.

Zhang, Y. (2010): Investigation of Magnetic Pulse Welding on Lap Joint of Similar and Dissimilar Materials. Dissertation. The Ohio State University, Ohio.

Zhang, Y.; Babu, S. S.; Zhang, P.; Kenik, E. A.; Daehn, G. S. (2013): Microstructure characterisation of magnetic pulse welded AA6061-T6 by electron backscattered diffraction. In: *Science and Technology of Welding and Joining* 13 (5), S. 467–471. DOI: 10.1179/174329308X341915.

Zurauskiene, N.; Balevicius, S.; Pavilonis, D.; Stankevic, V.; Plausinaitiene, V.; Zherlitsyn, S. et al. (2014): Magnetoresistance and Resistance Relaxation of Nanostructured La-Ca-MnO Films in Pulsed Magnetic Fields. In: *IEEE Trans. Magn.* 50 (11), S. 1–4. DOI: 10.1109/TMAG.2014.2324895.

Abbildungsverzeichnis

Tabellenverzeichnis

Anhangsverzeichnis

A Chemische Zusammensetzung und mechanische Eigenschaften der Fügepartner-Werkstoffe

Tabelle A.1: Chemische Zusammensetzung des Flyer-Werkstoffes (Seeberger 2016) und Parent-Werkstoffes (Günther und Schramm 2020)

Flyer: EN AW-6060, wärmebehandelt[1]		Parent: C45 (1.0503), normalisiert, Oberfläche poliert (R_a = 1)	
Element	**Gewichts-%**	**Element**	**Gewichts-%**
Mg	0.35-0.6	C	0.42-0.5
Mn	≤0.1	Mn	0.5-0.8
Fe	0.1-0.3	P	<0.045
Si	0.3-0.6	S	<0.045
Cu	≤0.1	Si	<0.4
Zn	≤0.15	Ni	<0.4
Cr	≤0.05	Cr	<0.4
Ti	≤0.1	Mo	<0.1
Al	Rest	Fe	Rest

[1] soweit in der Arbeit nicht anders angegeben: Lieferzustand (T66) für eine Stunde bei 500°C weichgeglüht und danach bei Raumtemperatur abgekühlt

Tabelle A.2: Ausgewählte Eigenschaften des Flyer- und Parent-Werkstoffes

	Flyer: EN AW-6060 [1]	Parent: C45 (1.0503) [2], normalisiert
Elastizitätsmodul in MPa	69.500	210.000
Dichte ρ in kg/m^3	2700	7700
Quasistatische Fließspannung σ_d	ca. 60 MPa [3]	ca. 490 MPa
Härte [4]	~ 96 HV0,1	~ 227 HV0,1
Elektrische Leitfähigkeit σ in MS/m	~ 36	~ 5

[1] (Bikar-Metalle GmbH 2019)
[2] (Deutsche Edelstahlwerke 2011)
[3] Nach Wärmebehandlung in Rohrzugversuchen bestimmt (Lueg-Althoff et al. 2018a)
[4] siehe Abb. 9.1 a)

B Stromverläufe der Anlagen

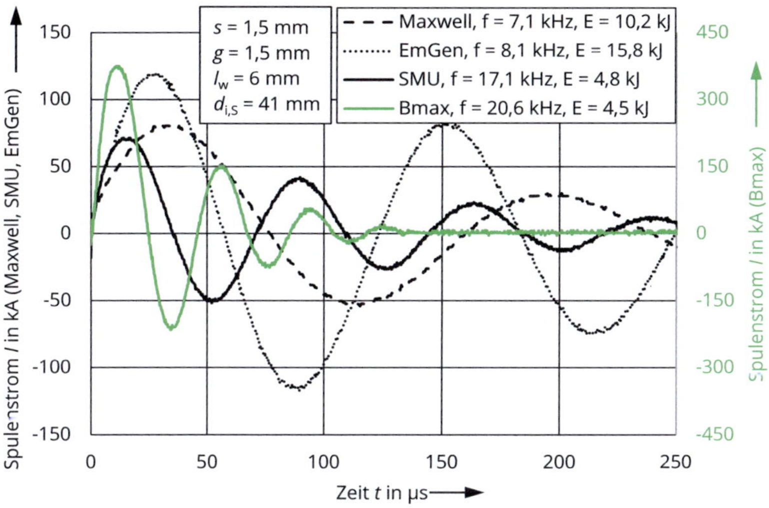

Abb. B.1: **Stromverläufe $I(t)$ für vier verschiedene Pulsanlagen, gemessen an den Gesamtschwingkreisen mit Fügepartnern**

C Anlagencharakteristik Maxwell und SMU

Tabelle C.3: Anlagenvergleich Maxwell und SMU am Institut für Umformtechnik und Leichtbau (IUL) der TU Dortmund (entnommen aus Lueg-Althoff et al. 2018a)

	Einheit	**Maxwell (Maxwell MF 7000, Bank 2 und 3)**	**SMU (Poynting SMU 0612 FS)**
Kapazität C	µF	362	80
Maximale Ladeenergie E_{max}	kJ	12	9
Entladefrequenz[1] f_E	kHz	~ 7	~ 17
Induktivität[1] L	nH	1423	1093
Dämpfungskoeffizient[1] y	1/s	5800	9500
Spulenausführung[2]	-	8 Windungen mit eingesetzem Feldformer[2]	8 Windungen mit eingesetzem Feldformer[2]
Innendurchmesser vom Feldformer $d_{i,S}$	mm	41	41

[1] Gesamtschwingkreis mit Fügepartnern

[2] identische Spule und Feldformer (Zeichnung im Anhang D)

D Technische Zeichnungen der Werkzeuge zum elektromagnetischen Umformen

Spule für Bmax-Anlage ($d_{i,S}$ = 41 mm)

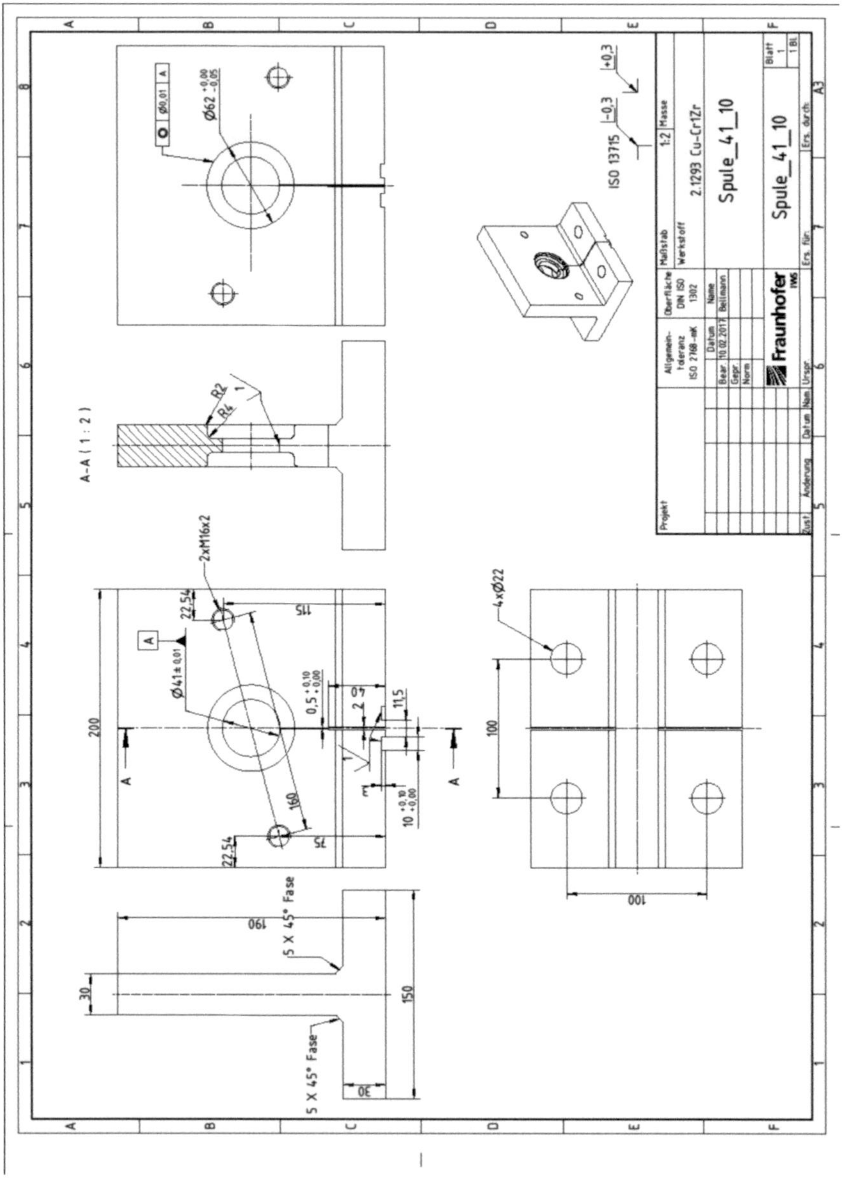

Innenteil der Spule für Bmax-Anlage ($d_{i,S}$ = 42 mm für PDV-Messungen)

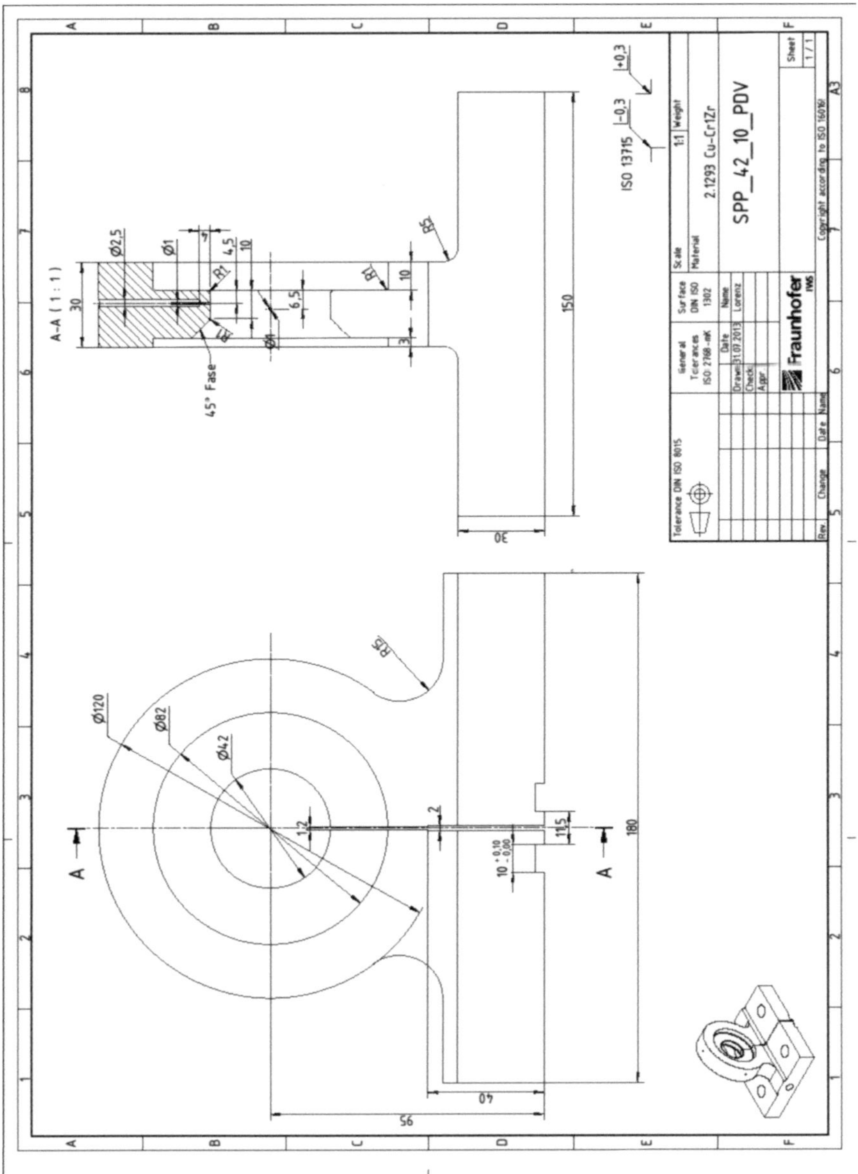

Feldformer für EmGen-Anlage ($d_{i,S}$ = 41 mm)

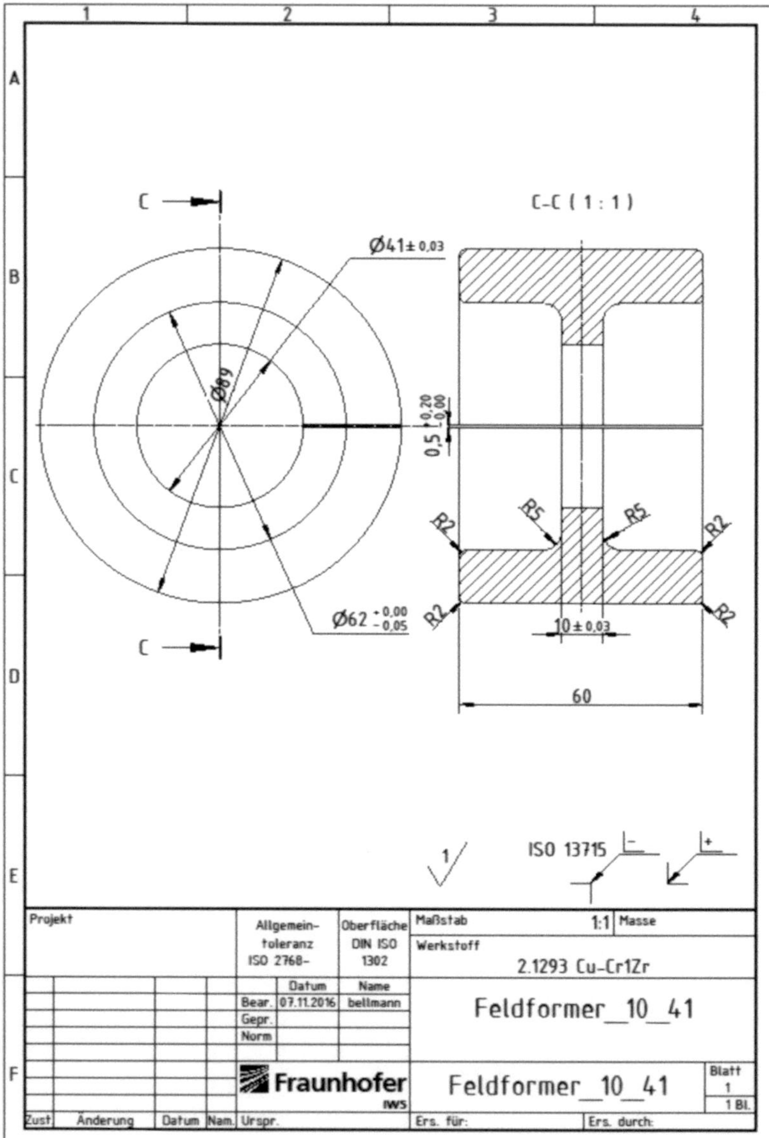

Feldformer für SMU und Maxwell-Anlage ($d_{i,S}$ = 41 mm)

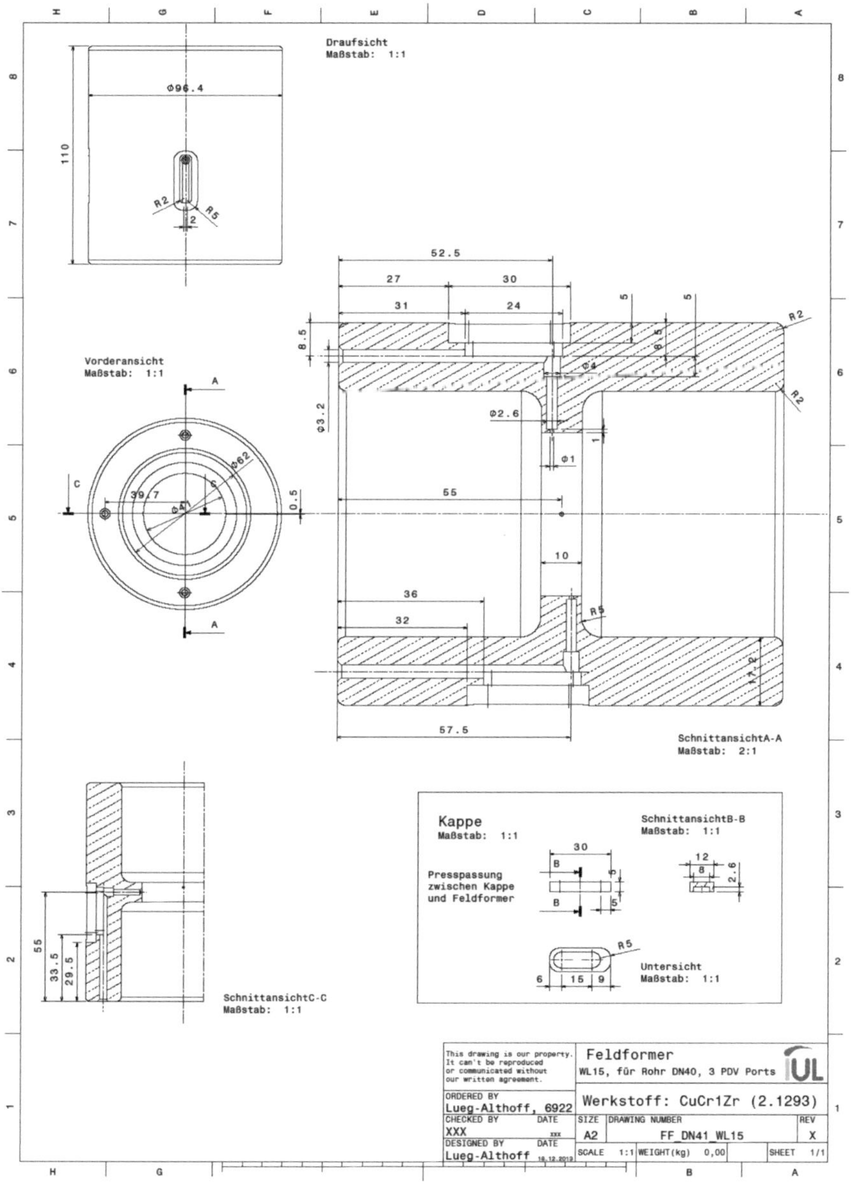

Lebenslauf

Jörg Bellmann, geboren am 25.04.1989 in Dippoldiswalde

Schulische Ausbildung, Hochschulausbildung und Praktika

1999 - 2007	Abitur am „Glückauf-Gymnasium" Dippoldiswalde
2008 - 2014	Maschinenbaustudium an der TU Bergakademie Freiberg: Bachelor of Science im Bereich Aufbereitungsmaschinen Master of Science mit Vertiefung in Konstruktion
2012	Fachpraktikum an der University of British Columbia in Vancouver, Kanada
2013	Fachpraktikum an der Ingenieursfakultät der Universidade Estadual Paulista in Ilha Solteira, Brasilien
2014	Masterarbeit am Fraunhofer-Institut für Werkstoff- und Strahltechnik zum Thema „Lasergefügte Crashstrukturen in Stahl-Aluminium-Mischbauweise"
2014	Lehrgang „Maschinelles Spanen" bei der IHK in Dresden

Beruflicher Werdegang

2014 – 2019	Wissenschaftlicher Mitarbeiter an der TU Dresden am Institut für Fertigungstechnik: Bearbeitung des Projektes „Gezielte Einstellung der Nahtausbildung beim Fügen durch Magnetpulsschweißen" (Teilprojekt A1 im SPP 1640 „Fügen durch plastische Deformation" der DFG)
2012 – 2019	Hilfswissenschaftler am Fraunhofer IWS in Dresden
Seit 2020	Wissenschaftlicher Mitarbeiter am Fraunhofer IWS in Dresden in der Gruppe „Auslegung und Sonderverfahren": Leitung und Bearbeitung von industrienahen Forschungs- und Entwicklungsprojekten in den Bereichen Sonderfügeverfahren und Schweißstruktursimulation